カナモノガタリ

兵庫県・三木の伝統産業を歩く

◎神戸新聞三木支局・編

カナモノガタリ◎目次

本書は、２００７年11月11日から２０１２年９月23日まで、神戸新聞三木版に掲載された連載企画「カナモノガタリ　伝統産業を歩く」を一部加筆・修正し、収録したものです。

登場人物の年齢、肩書きなどは連載当時のままです。

はじめに――三木金物の今

兵庫県三木市は、金物の一大産地として長い伝統を誇る。三木金物の起源は5世紀にさかのぼり、発展の礎は戦国時代に築かれたとされる。三木城主の別所長治と羽柴秀吉が戦った三木合戦で、まちは荒廃。そこで秀吉が復興のために免税政策をとり、全国から大工職人を集めた。仕事に必要な大工道具を作る鍛冶職人が増え、三木は金物のまちとして興隆した。

三木金物の種類は、経済産業大臣が指定する伝統的工芸品の鋸《のこぎり》、鑿《のみ》、鉋《かんな》、鏝《こて》、小刀《こがたな》の大工道具をはじめ、作業工具(バール、クランプなど)や機械工具(ドリル、ホールソーなど)、農機具など多岐にわたる。三木市によると、同市の利器工匠具全体の製造品出荷額は年間約146億円(2010年現在)で、全国シェアは約17%。また、三木金物製品の出荷額は、市全体の工業製品出荷額の約30%を占める。

「カナモノガタリ　伝統産業を歩く」は、神戸新聞三木版で2007年11月から12年9月まで、78回続いた連載だ。原則毎月掲載し、神戸新聞三木支局の記者が三木市にある金物製造の事業所などを訪ね歩いた。連載開始の背景には、職人の高齢化、後継者不足から技術が途絶えている現状への危機感などがあった。三木金物の今を伝え、記録する必要を強く感じたのだった。

記者が取材した事業所は72カ所に上った。職人や社長らへの質問の範囲は幅広く、生い立ちから、会社の歴史、製品へのこだわり、抱えている問題、そして夢にまで広がった。血のにじむような思いや百人百様のドラマがあった。共通していたのは、製品に対する大きな誇り。職人は、まるでわが子に向かうように製品を大切に扱い、技の神髄を生き生きと語った。

従業員100人以上を抱える会社もあったが、多くは小規模な家内工業だ。職人1人で生産を続ける事業所も多かった。やはり、高齢化の波が押し寄せ、後継者はおらず、当代限りで看板を下ろす覚悟の高齢職人もいた。

三木金物の広がりは事業所にとどまらない。古今の大工道具、鍛冶道具が展示されている金物資料館などの施設や、大きく翼を広げた鷲の姿を鋸や包丁などを組み上げて作る三木金物のシンボル「金物鷲」、古来の製鉄法「たたら製鉄」なども取材した。

建築工法の変化や安価な中国製品が増えたことによる需要の減少、後継者不足など、三木の金物が解決すべき課題は少なくない。関係者は、新製品や新素材の開発、海外市場への進出、全国の見本市やイベントでの情報発信など、三木金物を広めるために奮闘する。何よりも、高い技術力を継承し、活用しようと力を尽くしている。私たちは取材を通じ、三木金物にはまだまだ、世界に通用する大きな可能性があると確信した。

この本を読んだ方々が三木金物の魅力に触れ、興味を深めてくれることを願っている。最後に、取材をさせていただいた事業所や施設の方々、取材にご協力いただいたすべての関係者、読者に心から感謝したい。

二〇一三年一月

神戸新聞三木支局「カナモノガタリ」取材班

カナモノガタリ

四ツ目印の氷鋸

〝夏〟を削る半世紀の技

シャッ、シャッ…。透明な氷の塊を、職人が見る見るうちに切っていく。手にしているのは、氷鋸《こおりのこ》だ。

「街の氷屋は減ったけど、調理師が氷の彫刻を作るために使ってくれる」と藤田丸鋸工業社長の藤田隆英さん(43)。

「四ツ目」ブランドとして約50年前から扱う。今年は既に百数十本が売れており、海外で活躍する料理人からも引き合いがあるという。緩やかなカーブを描く刃は、長いもので60センチ。ギザギザの目は、4・2―2・8センチと普通の鋸よりかなり深く、先端は右、左、右…と順に曲がっている。

造りを請け負う井澤重美さん(68)＝三木市本町＝は、今や数少ない専業職人。「カーブをかける分、氷に食い込む。目が深いと氷が詰まらない」

刃の厚みは1・5ミリ程度だが、柄に近い背の部分だけ12ミリに太らせるのも「大きい氷に押

四ツ目印

し込むと、スパッと切り離せるんや」
ステンレスの小片を約千度に熱してたたき、柄に近い部分を整形。長細く平らなステンレスの板と溶接し、機械で刃のギザギザの型を抜く。刃は、いったん冷やして硬度を高める。再び350度に熱し、粘りを出してもろさを消す。ハンマーで凹凸をなくし、磨く。

「熱さはきついけど、使いやすさは職人の腕次第。ろうそくと一緒で日ごろはいらんが、ないと困るもの」と井澤さん。「この丁寧な仕事は、後世に残したい」と藤田さん。伝統ある業界の誇りを感じた。

（佐伯竜一　2007／11／11）

完成した「四ツ目印の氷鋸」に見入る藤田隆英さん=三木市本町

▼藤田丸鋸工業
1940年、隆英さんの祖父が藤田工業所を設立。手引き鋸を作った。丸鋸工業は70年代、父隆博さんが独立して創設。後に工業所を吸収した。現在の主力は、電動器具用の丸鋸。ブランドは「四ツ目」。三木市別所町高木

カネジュンの細工鋸

熟練の技 極薄の刃生む

職人が手にした鋸《のこぎり》は、スーッと木材の中に沈んでいった。切断面はなめらかで光沢がある。製品名を「細工鋸《さいくのこ》」という。「工芸品や家具、楽器職人の方々にも愛用してもらっています」と、製造する鋸メーカー「カネジュン」社長の光川大造さん(46)。木材を精巧に加工できる特徴が、プロに愛される。海外からの注文も年々増えている。

刃の長さや形は、木材の性質や削り方によって違う。しかし、厚みのない点は共通しており、最も薄い部分は0・3ミリしかない。光川さんは「細工鋸の製造が難しいのは、この薄さゆえです」と話す。刃の原材料となる鋼の板は、薄く削るほど表面にひずみが出る。そのため、さまざまな種類の鎚《つち》で強弱を付けながら表面をたたき、平らにする。ひずみは百分の数ミリという単位。見極めるには熟練の技が必要だ。

光川さんは2000年、三木市内最年少の38歳で伝統技術の担い手「伝統工芸士」に認定され

カネジュン印

た。祖父から三代続く鋸職人。技術の基礎は、高校卒業後に弟子入りした、市内の親方のもとで身に付けた。今月中旬、修理のため送られてきた鋸の中に、亡き親方が手掛けた製品を見つけた。その刃を鎚でたたき、ひずみをとりながら、親方の教えが今の自分を作り上げていることに思い至った。

「自分が磨いてきた技術を、親方が認めてくれたように感じた」

師から弟子への技術の継承が、400年の歴史を支えている。

（長尾亮太　2007／11／25）

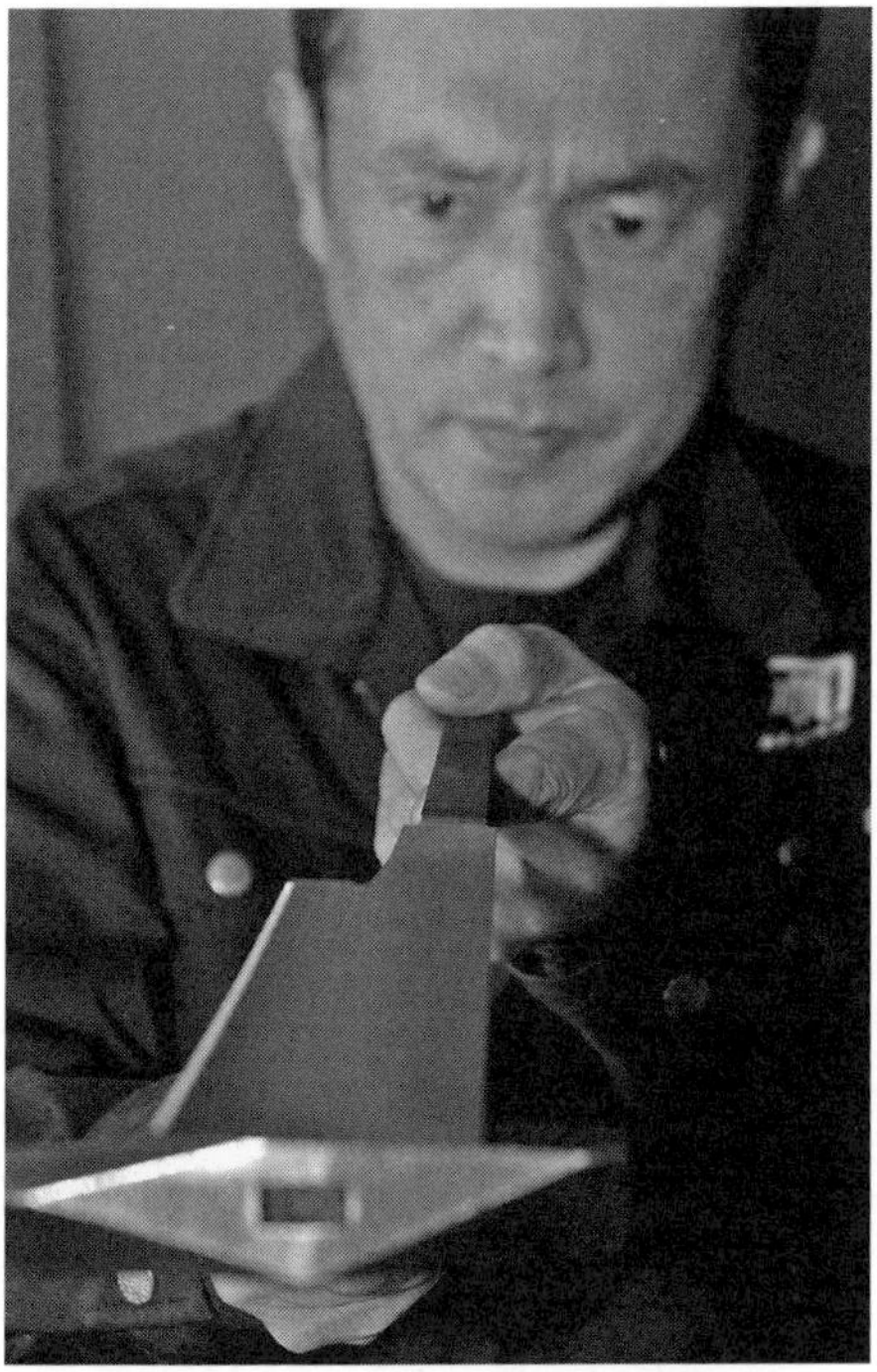

「カネジュンの細工鋸」のひずみを見極める光川大造さん＝三木市別所町高木

▼カネジュン

大正8（1919）年、大造さんの祖父順太郎さんが、前身の「光川順太郎鋸製作所」を創業。97年、初代の名にちなみ有限会社「カネジュン」に。主力製品は時代の流れとともに、山林伐採用、大工用、細工用など変遷してきた。三木市別所町高木

玉鳥産業の引き廻し鋸

「産・官・学」連携の産物

刃の根元から手元へ、徐々に幅が広がるグリップ。自転車のサドルの形をイメージし、動かす方向を制御しやすくした。

「私たちのような金物業界の発想だと、このデザインは生まれなかった」

玉鳥産業が6月に発売した引き廻《まわ》し鋸《のこ》「Ｈｉｐｐｅｒ（ヒッパー）」を手に、友定道介社長（45）は笑う。

引き廻し鋸は、主に壁にコンセントなどを取り付けるときに、小さい穴を開けるために使う。小回りの曲線が引きやすくなければならない。

手引き鋸専門の玉鳥が、取り扱い製品の幅を広げようと考えた。作り方を知らなかったため、昨年夏、県や神戸市などが支援する財団法人新産業創造研究機構（ＮＩＲＯ）に相談。グリップのデザインを神戸芸術工科大学に引き受けてもらった。

刃は、引き廻し鋸を手掛ける神沢鉄工（三木市鳥町）に製作を依頼。先端にきりを据え付けて穴

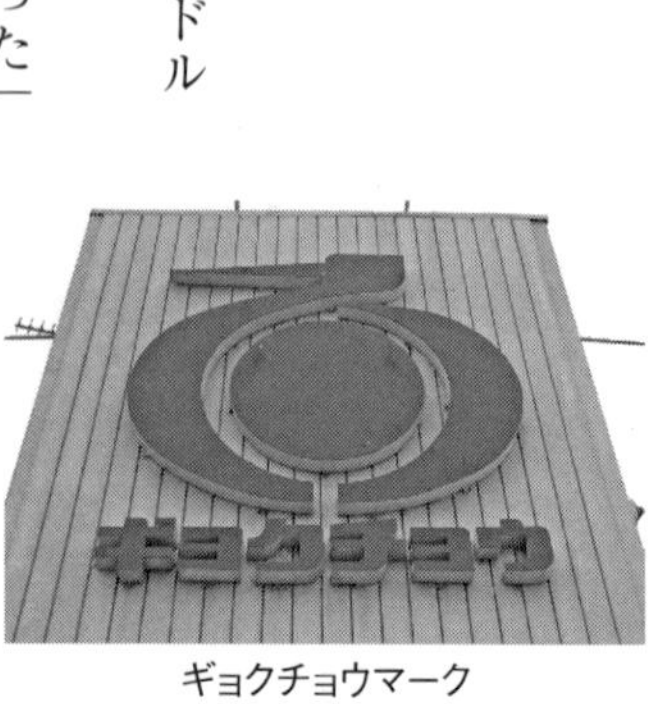

ギョクチョウマーク

を開けやすくし、薄さ0・9ミリ、幅1—3センチと小回りのきくサイズに仕立てた。部分的に刃の角度を変えて、削りくずをかき出しやすくしている。

NIROが製品の試作でバックアップするなどの連携により開発コストを抑え、昨年秋のプロジェクト始動から1年足らずで完成にこぎつけた。

「金物業界は刃に自信を持つ余り、刃以外に目が行かなくなりがち。でもグリップのデザインを見て買う人もいる。業界の外に教わることは多い」と友定さん。来春には早くも、次の産官学連携商品がお目見えしそうだ。

(佐伯竜一　2007/12/9)

産官学の連携で生まれた引き廻し鋸「Hipper」=三木市大村

▼**玉鳥産業**
友定道介社長の父正明氏(76)が設立した小野市の鋸メーカー「レザーソー工業」の販売部門として、1975年3月に設立。手引き鋸全般を扱う。ギョクチョウマークは、太陽と火の鳥をイメージしている。三木市大村

関西洋鋸の手裏剣

海外に誇る日本の文化

三木市役所4階の応接室。部屋中央のテーブルに置かれる、ちょっと変わった金物が、訪問者らに「金物のまち三木」を印象付ける。

金物は手裏剣。草刈り機用丸鋸《まるのこ》・チップソーメーカー「関西洋鋸」(三木市本町)が2006年から、観賞用として製造、販売する。直径10センチ前後。刃の数や形、くりぬき部分の形状がさまざまで、5種類のデザインがある。

開発のきっかけは、芦原強社長(38)が知人と何気なく交わしていた会話だった。「全国各地には、手裏剣を文化として愛好する人たちがいる」

ふと、心理学を勉強するため、19歳から4年半、米国の大学に留学していたころのことを思い出した。現地で痛感したことは、母国・日本の文化を外国人に伝えようにも、自分自身があまり知らないことだった。そのころから「もっと日本文化を勉強し、いつかは文化発信に役立ちた

ブランドとして製品に付ける「ソーマスター」マーク

い」と考えていた。製造技術を生かした新商品開発を模索していたこともあり、手裏剣は、そんな思いを具体化できるチャンスに思えた。

デザインは、本で調べたり、展示館に足を運んだりして研究。市内の小刀メーカーに鎚《つち》目を表面に入れてもらい、書道愛好家から箱に「手裏剣」としたためてもらった。

市内外の展示即売会では、珍しい品に多くの人が同社ブースで足を止めるという。海外への土産としても人気といい、「文化の懸け橋として手裏剣が役立ってくれれば何より」と目を細める。

（長尾亮太　2008／1／27）

手裏剣を手にする芦原強社長
=三木市本町

▼関西洋鋸

1919年に強さんの曽祖父彦一さんが鋸の目立てを始めた。52年に祖父明さんが芦原製鋸所を設立。67年に現在の社名に。主要製品はかつて輸出用洋鋸だったが、現在は草刈り機用の丸鋸やチップソー。強さんは2006年から社長。三木市本町

ヒシカネカ印の盛箸

繊細に料理盛りつけ

料理人が、刺し身や小鉢などの盛り付けに使う「盛箸《もりばし》」。普通の箸より長く、先がとがっている。

「繊細な動きに対応できるよう、全体のバランスに気を使います」。この道約25年の金口製作所社長、金口泰治さん(52)は説明する。

コンピューター制御の機械で、直径8ミリのステンレスの棒を、先に向かって細くなるよう削る。続いて、硬度を上げるため、先の方は950度前後に熱した後、油につけて冷ます「焼き入れ」をする。

長さ12―24センチに仕上がった本体部分は、ホオの木や黒檀《こくたん》で作った柄にはめ込む。接続部に樹脂やステンレス製の「口輪」を取り付け、強度を増す。その後、全体を紙ヤスリなどで根気よく磨くと、本体と口輪、柄のつなぎ目の段差が消えて一体化する。ツヤが出て、触り心地もなめらかになる。

根気よく磨き、使いやすさを引き出す
＝いずれも三木市別所町東這田

「例えば、同じ材質の柄でも一つずつ繊維が違う。一本ずつにあった磨き方を見極めるんです」

父の故晃治さんが1970年代に作り始めたといい、バランスが良く、使いやすいのが全国で評判を呼んだ。最近も、柄の部分に刀のさや用の塗りを施した製品を開発するなど、喜ばれるための追究を続ける。

思わぬ追い風も吹いてきた。海外の日本食ブームで、ここ数年は貿易商社からの注文が相次ぐ。香港、韓国、米国…。箸の旅先は広がる。

「国内でも出張先の料理店で、うちの箸とちょくちょく再会します。うれしいです」と笑った。

（佐伯竜一　2008／2／11）

料理の命を左右する繊細な盛り付けに適した「盛箸」

▼金口製作所

市場の荷物運びなどに使う「手鈎（かぎ）」の職人だった泰治さんの祖父・歌治さんらが、1963年に創立。70年に株式会社化した。盛箸は70年代から手掛けているという。ブランドは「ヒシカネカ印」。三木市別所町東這田

ヒシカ印の押さえ鏝

左官の職人技を後押し

漆喰《しっくい》を載せた鏝《こて》が、壁に沿って上下左右に動く。表面を真っ平らに仕上げる「押さえ鏝」。仕上がった壁面には光沢ができ、鏝を手にする左官の姿を映し出す。

「腕利きの左官さんが使ってくれる」。「梶原鏝製作所」の3代目梶原薫さん(69)の言葉には、強い自信がにじむ。

鋼を鍛造した後、焼き入れや焼き戻しといった熱処理を施す。ハンマーでたたいてひずみをなくし、研磨する。柄を取り付け、完成した製品はシンプルそのもの。

だが、名うての左官のこだわりはシビアだ。板の幅や厚み、硬さなど注文は細部に至る。「左官さんにとって鏝は体の一部。研ぎ澄まされた感覚で、紙一重の使い勝手の違いまで感じ取る」。手直しが求められることもあり、「鏝をつくって55年。プライドにかけ、要求に応えるため必死です」。この職人気質が、逸品を生む。

「本物」の証明でもある「ヒシカ印」

国産鋸の9割以上を生産する三木だが、最盛期に80社を超えた三木鋸組合加盟のメーカーは、今では20社程度に減った。そんな中、別の会社で働いていた長男直樹さん(35)が「技術を磨き、左官さんの職人技を後押ししたい」と弟子入りした。13年前のことだ。

「職人の技には『これで完成』なんてものがない。終わりのない世界やぞ」。厳しい言葉と優しいまなざしで見守る父に対し、「仕事場では師弟の関係。親方からは日々、いろんなことを学んでいます」と息子。代を重ねてもなお、究める道がある。

(長尾亮太　2008/3/9)

ハンマーでたたき、鋼を平らにする梶原直樹さん。父から息子へ、職人技が受け継がれる=三木市加佐

▼梶原鋸製作所
薫さんの祖父栄太郎さんが大正時代に創業。当初はかみそりを扱っていた。鋸を始めた後は、2代目の父重次さんが高級路線を押し進めた。製品の種類が豊富で、注文生産にも応じている。ブランドは「ヒシカ印」。三木市加佐

今井鉋製作所の槍鉋

宮大工が愛用　鉋の元祖

穂長と呼ばれる長さ15センチ、幅4・5センチの先端が光る。両手でつかんで引き、円い柱などを削る伝統の大工道具「槍鉋《やりがんな》」。工芸品として求める人さえいるという優美なフォルムだ。

手掛けて約30年。今井鉋製作所の今井重信さん(83)は「宮大工が代々、建築や修繕に使ってきた鉋の元祖。私は刃物の頂点や思てます」と、目を細める。

市内で独立した父の故栄治さんに、一般的な「台付き鉋」の技術を学んだが、槍鉋は重信さんが作り始めた。「伝統ある日本の仕事を残さないかんと思って」

鉄と鋼の板を約1200度に熱してたたき、密着させて穂長のベースを作る。形を整えて、温度を調節しながら、熱したり冷ましたりを繰り返し、鋼を硬くする。砥《と》石で磨いて刃を付ける。木製の柄を付けたら出来上がり。使い手によって刃の角度や大きさへのこだわりがあり、小さい物では、穂長の長さが約6センチという物も用意している。

職人のさまざまなニーズにこたえる鉋を仕上げる

奈良の宮大工をはじめ、近畿一円の使い手が「つるんと削れる。削った木が長持ちする」と、高く評価する。その半面「工法の変化で、槍鉋自体を知らない大工も増えている」とか。

今や、市内最高齢の伝統工芸士。優しい口調で笑みを浮かべる。

「形も切れ味も両方良くしたい。見えない部分に、手間を惜しまない。もうかれへんよ。まあ、ええもんを残したいいう職人の意地やな」

（佐伯竜一　2008／3／23）

工芸品として求める人もいるという「槍鉋」＝いずれも三木市本町

▼今井鉋製作所
重信さんの父栄治さんが、1920年代ごろから台付き鉋などを作った。重信さんも10代から修業。70年代には槍鉋の製作を始めた。98年には、市内の播州三木打刃物の伝統工芸士第1号の1人に認定された。三木市本町

フジサン印の野菜鎌

切れ味鋭く　農家に人気

ハクサイの根元に、光沢を帯びた鎌《かま》の刃を当てる。スッと手元に引くと、ボリュームのあるハクサイが簡単に浮き上がった。

キャベツ、ハクサイ、ホウレンソウ、アスパラガスなどの収穫に使用する「野菜鎌」。「一級品の切れ味がずっと続くのが自慢」と胸を張るのは、「藤参工場」の3代目、藤原敏昭さん(58)だ。

自信を裏打ちするのは、手作りにこだわる製造工程だ。加熱しながら鋼材を延ばし、徐々に鎌の形へ近づける。表面をすいたり、ひずみをとったりして仕上げる。中でも、鉄と鋼を張り合わせる鍛接《たんせつ》・鍛造《たんぞう》まで手作業を続ける鎌職人は珍しいという。

「鋼材の組織が分子レベルで小さくなる。切れ味を長持ちさせるには、これしかない」

現在、力を入れるのが野菜収穫用。市場や直売所に出荷する農家から、「軽い力で切れ、けんしょう炎にならない」という声が寄せられる。

刃の表面をすいて
仕上げる昭洋さん

工場がある三木市別所町石野は鎌づくりが盛んだ。町内には製法が伝わったいきさつを記した石碑が立つ。しかし、かつて数十軒あった鎌メーカーも、現在は10軒ほどにまで減った。そんな折、地域を走り、鎌産地の発展を支えた三木鉄道が廃止された。4代目の昭洋さん(34)は家族と一緒に、最終便を見送る催しに参加。走り去る最終便を見つめながら、こうつぶやいた。「これからも鎌づくりに魂を込め、産地を守り続けます」

(長尾亮太　2008/4/20)

鉄と鋼を張り合わせ、たたいて鍛える敏昭さん=いずれも三木市別所町石野

▼藤参工場
敏昭さんの祖父参吉さんが、かみそりに続いて鎌の製造を始めた。2代目の父秋生さんが、試行錯誤を重ね、現在の製法を確立した。野菜鎌の品ぞろえは多岐にわたり、オーダーメードも受け付ける。三木市別所町石野

河合刃物製作所の銑

おけや樽　生み出す道具

「銑」。何と読むのだろう。

「センと読みます。今は問屋さんでも知らない人が多い。昭和20年代には鎌《かま》や鋸《のこぎり》、おけの職人によう売れた。道具づくりの道具やね」

河合刃物製作所の河合昭三さん(80)に、実物を数丁見せてもらったが、どれもこれまでに見た記憶がなかった。第一、形が一つずつ違う。

おけ用は時代劇の駕籠《かご》に似たシルエット。半円の本体の両端に握りやすい柄を付け、中央の長さ約24センチの刃で、手前に引きながら木を削る。

「これは、おけといっても外側の整形用。内側は、刃の角度を変えた物でないと削れない。鎌は刃を付けるとき、鋸は刃の表面をなめらかにするときに使うから、同じ銑でも形が全然違う」

同じ用途でも当然、職人ごとに使いやすい物は異なる。キャリア60年近くの河合さんが一丁ずつ手づくりするから、大きさや角度などもオーダーメードに近い注文に応じられる。

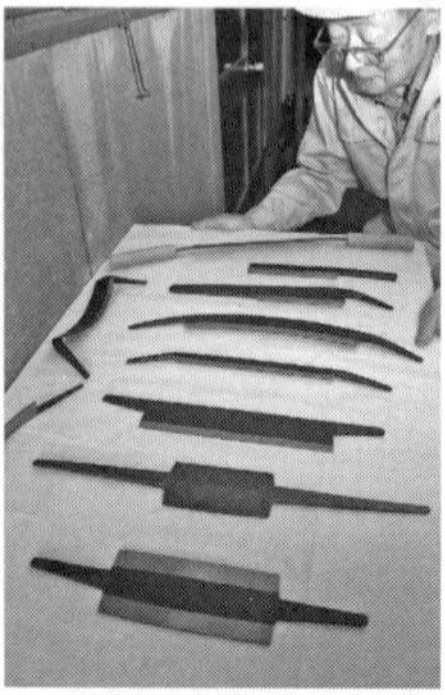

同じ銑でも用途に応じて形が違い、オーダーメードに近い状態

「何とかしてくれんかと頼まれると、やってみよかと。よう断れん」。何年も先に使う分まで確保したいという奈良・吉野の樽《たる》職人に、一度に十数丁納めたこともある。

技術の高さから、銑以外の注文も多い。見たこともない特殊なキリを依頼する図面が届いたときは、1カ月足らずで完成させた。

「喜ばせたい、いつもそれだけ。ならずっと現役ですねって？　はは…さあねえ」。世界に一つの道具を手に、ほおを緩める。


（佐伯竜一　2008／4／27）

おけの外側を削る銑。独特のカーブが目を引く＝いずれも三木市福井

▼河合刃物製作所
市内で修行した昭三さんの父敬三さんが大正末期ごろ創業した。主力は銑だったが、近年は槌（つち）の需要が増え、足の裏や肩をたたく「ながいきかなづち」も好評。「つくったことのない物の注文も多いよ」と昭三さん。三木市福井

松本ペンチ製作所のつめ切り

別注の1丁を商品化

三木市観光協会のショーケースの前でくぎ付けになった。なんと1万円のつめ切り。全長は20センチ近い。商品の説明がないとつめ切りとは分からない独特のデザイン、品格をも放つステンレス…。日用品には見えない。

「つめの手入れは健康管理のイロハ。どんなに分厚く硬いつめでも軽々と切れっさかい、お医者さんにも重宝してもろうとる」

制作する松本ペンチ製作所の松本光正社長(70)は、穏やかながらも自信たっぷりに話してくれた。刃先は薄くして切れ味を、取っ手はカーブさせて、持ち心地を実現した。

「知人から『ポッコリ出たおなかが邪魔で、つめまで手が届かない』と相談された。別注で1丁作ってみたら好評やったので市販することにした」。製品開発はいつもひょんなことから始まる。

ペンチ市場は、職人として駆け出しだった約50年前とは打って変わって、安い輸入品に席巻さ

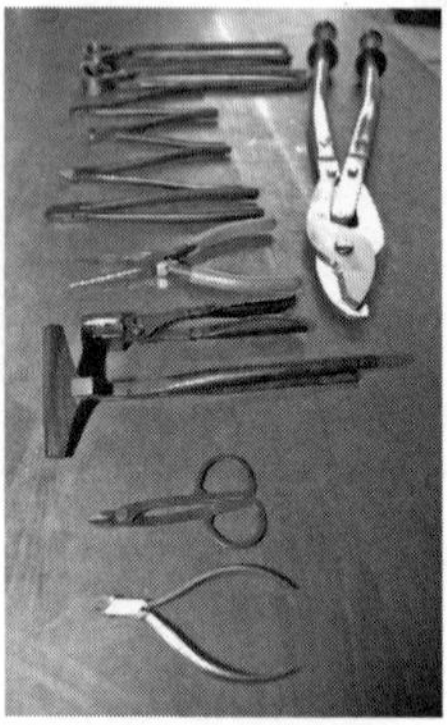

「三木ではオンリーワン」
というペンチやニッパー

れている。「大企業と同じもん作っていれば、競争に負けまんねん」

ネイルアートでつめの甘皮をそろえるニッパー▽園芸で樹皮だけを削るペンチ▽馬のひづめ切り…。「こんなんできるか？」という問い合わせに、できるだけ応えてきた。その結果、「三木ではウチだけ」という商品ばかり扱うようになった。

「新しもん好きの性分で、ここまでやってこれた」と、いたずらっ子のようにほほ笑む。「三木、松本、光正」の頭文字を取り、製品に刻まれた「ＭＭＭ」は、誇りに満ちている。

（長尾亮太　２００８／５／11）

1万円のつめ切りを掲げる松本光正さん＝いずれも三木市別所町東這田

▼松本ペンチ製作所

光正さんの祖父安三郎さんが明治の中ごろ、馬のひづめを削るやすりメーカー「松本商店」を福井に興した。戦前、父の保さんがペンチの製造を開始。約十年前からは次男伸次郎さん（33）も家業を支える。三木市別所町東這田

吉田省三鋸目立所の目立て

完全手仕事　切れ味抜群

ずばり、目立てとは？

「鋸《のこぎり》が真っすぐ切れるように刃の角度を調整すること。これなしでは、家も建てへんわけやね」

この道60年余りの吉田省三さん(79)。やさしい笑顔の後に、こう付け加えた。「これが、何年やっても難しい」

刃の目は、交互に左右を向き、一つ一つの左右と頭に鋭い角度が付いている。だから切れる。左右を向けるにはカーブのある金床に乗せ、専用の槌《つち》で目を一つずつたたく。角度を付けるには、一つの目をヤスリで三方向からこする。一つの目の深さは、1センチ―3ミリと細かい。しかし熟練の手は一定のリズムに乗り、狂いなくポイントをとらえる。

「一つの目をたたいたり削ったりしている時は、もう次の目を見てます。隣とのバランスで切れ味が決まるから、その場で次のたたき方を考え、少しずつ変えるんです」

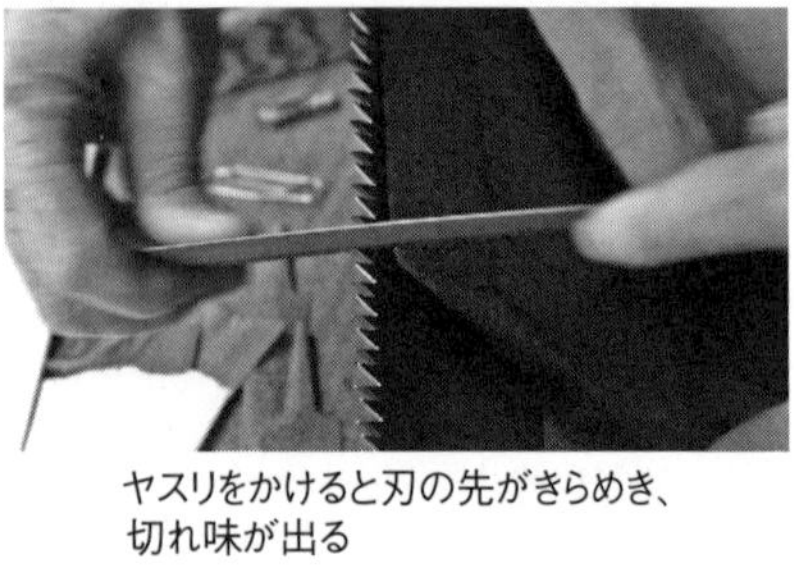

ヤスリをかけると刃の先がきらめき、切れ味が出る

目立てはもともと、鋸製造の仕上げの工程。しかし、建築の変化で道具が売れにくくなり、新品の目立ては激減。今は、古くなった鋸の修理がメーンになった。50年前は、周辺に200軒近くあったという同業者も今は20軒ほど。100パーセント手作業の職人は、吉田さんも含め数人になった。

それでも最近、市外から若い大工が直接訪ねてきて、仕事を頼まれるという。「手渡したら目の前で木を切って『気持ち良いくらい切れる』と。仕事の答えはすぐに出る。信用を裏切らない努力を続けることです」

(佐伯竜一　2008/5/25)

刃の目の1つずつに角度を付ける「アサリ出し」に没頭する吉田省三さん=いずれも三木市福井

▼吉田省三鋸目立所
省三さんが10代のころ、ヤスリ職人の父が亡くなり、資本が少なくてすむ目立てを志した。大阪など各地で修業し、20代後半から地元で本格始動。全国的に高名な鋸職人などの仕事を手掛ける傍ら、約30年で20人の弟子を育てた。三木市福井

常三郎の穴の鉋

材料を厳選　視覚で訴え

こんな鉋《かんな》の刃は、見たことがない。真ん中に直径約1センチの穴があいている。なぜ？

「ああ、この鉄は鉄橋の一部やったんよ。穴はリベット(頭の大きなくぎ)を打ち込むためのもの」

製造する鉋メーカー「常三郎」の3代目、魚住徹さん(48)が教えてくれた。その穴は、鉋刃としての品質を保証しているという。地金と鋼を合わせ、鍛造して作られる刃。地金は「明治20年までの英国製」にこだわる。瀬戸内海の底から引き上げられた鎖、古いレール…。全国から集めた古い地金の中には、鉄橋もあった。

「材料をいかに厳選しているか、使い手に視覚で訴えたい」。こんな思いから、リベットの穴を残した「穴の鉋」が生まれた。

製品が異色なら、魚住さんの経歴もまたしかり。工作機械メーカーの営業マンを経て、28歳で

穴の鉋(手前)。「削るものに応じた素材を」と、多彩な鋼をそろえる

家業に入ったが、製造に携わったのは30代後半。それまでは製品販売のため、全国を飛び回っていた。そのときに大勢の使い手と接した経験が、ものづくりの哲学を支えている。「作り手が製品に込めた思いまで、使い手に愛してもらいたい」。製品に材料の写真を付け、〝物語付き〟で販売することもある。ホームページや工場見学を通じた情報発信にも力を入れる。

「信用を守りながら、新しいものにどんどんチャレンジしたい」

「不易流行」の精神で前進を続ける。

（長尾亮太　2008／6／16）

1300度に熱した地金を、エアハンマーで鍛造する魚住徹さん＝いずれも三木市福井

▼常三郎

初代の常三さんが1947年に創業し、2代目昭男さん(75)が事業を拡大。主力製品の大鉋に加え、住宅の建築方法の変遷とともに、多くの小鉋も手掛けるようになった。観光グッズを対象にした「三木いいもの発見コンクール」に金物関連商品を出し、最優秀賞に2回輝いた。三木市福井字八幡谷

錦清水の鑿

品質支える極限の集中力

鑿《のみ》の先を裏返すと、くぼみが三つくっきりと、刻まれていた。鋼の白に、炭で焼いた黒が程よく混ざった「ごま塩」色が、落ち着いた風合いを醸している。

「『三枚裏』です。研ぎやすさで好まれる形やけど、炭でゆっくりと熱した切れる鑿でしか、この色は出ない」と、60年近いキャリアの錦清水《にしききよみ》さん(69)。美しさが、品質のバロメーターというわけだ。

小さい物は長さ10センチ、幅8ミリ、厚さ1・5ミリ。大きい物は長さ30センチ、幅4・8センチ、厚さ1・2センチ。主に大工が木材の角を削ったり、大きな穴を開けたりするときに使う。

先端の形や反る角度は、用途に応じて変わる。炭で真っ赤に焼いた鑿をたたくほど鋼がしまり、長くよく切れるという。「カン、カン」と小槌《こづち》を振るう手付きには、迷いが見られない。

最後にグラインダーで三枚裏を入れる。失敗すれば製品にならない。「何本か仕上げた夜は、

「三枚裏」の美しさは、品質のバロメーター

今も眠れない」。それほどの集中力と熟練の技が、品質を支えている。

本名の「錦清水」を、そのまま製品に刻印してきたため、大工の間ではフルネームがブランド化している。奈良の宮大工をはじめ、全国にファンがおり、泊まりがけで工房見学に来る人も少なくない。

「若い大工が『おっちゃん、オレのは気合入ってる日に作ってな』やて。怖いね」。目を細め、しみじみ続けた。「待ってくれてるから。ええもん作るしかない」

（佐伯竜一　2008／6／29）

鑿を約800度に熱して、小槌で鍛える。「たたくほどよく切れるし、長持ちする」＝いずれも三木市福井

▼錦清水
徳島県出身。7歳のころ、三木の鑿職人のもとで修業していた兄政男さんに引き取られた。13歳で兄に弟子入りし、25歳で独立。昔ながらの鍛冶(かじ)で、大工用鑿を手掛ける。国内はもちろん、海外にもファンがいる。三木市福井

永尾駒製作所の肥後守

ヒット商品　守り続ける

「小さな木　肥後守《ひごのかみ》で大変身」「刃物でもやさしさあふれるこの一本」「ぼくたちはぜったいにナイフで人を傷つけない」…。

折り畳みナイフ「肥後守」を手掛ける全国唯一のメーカー「永尾駒製作所」。その一日は、日めくりカレンダーをめくることから始まる。「記されたメッセージ一つ一つが励みになる」と、経営者の永尾元佑さん(75)。

カレンダーは、長野県池田町の会染《あいそめ》小学校から贈られたものだ。同校では25年間にわたり、児童が、鉛筆削りや工作に肥後守を使っている。ＰＴＡがアルミ缶などを回収した収益金で、全新入生に配布する。

「刃物を使ってものを作ると内面が豊かになる」と西網民雄校長(58)。「刃物や職人さんに敬意を持てば、間違った使い方はしない」と、校内に肥後守や永尾さんを紹介するコーナーを常設す

肥後守。子どもたちの手作りのカレンダーが、製造現場を見守る

る。児童らは毎年、感謝状などを永尾さんに贈っており、カレンダーもその一つだ。「必要なのは刃物をなくすことではなく、正しく使う能力」と永尾さん。1カ月余り前、東京・秋葉原で、無差別殺傷事件が起きた。「刃物を間違って使う事件で、肥後守産地の三木は長い間、翻弄《ほんろう》されてきた」と言う。

戦後の最盛期、40を超えたメーカーは、1960年に起きた旧社会党の浅沼委員長刺殺事件で、刃物が教育現場から排除されると、出荷先を失って次々と廃業。肥後守の登録商標をもつ組合員として、唯一残ったのが同製作所だった。

「続いてけ　孫の代までぬくもり伝え」。今のところ跡継ぎがなく、最後の肥後守職人となりそうな永尾さんだが、カレンダーのメッセージを見ながら、ぐっと表情を引き締めた。

（長尾亮太　2008／7／12）

約900度に熱した刃をたたき、強度を高める永尾さん＝いずれも三木市平田

▼永尾駒製作所

初代の駒太郎さんが明治期に創業。2代目重次さんは1904（明治37）年、問屋が鹿児島から持ち帰ったナイフをまねて製造、肥後守としてヒットさせた。元佑さんは4代目。肥後守の唯一の製造者として全国に足を運び、ユーザーとの交流も深めている。

高橋特殊鑿製作所の氷鑿

炭の熱で鍛え涼を演出

ふわり。真っ赤な炭の粉が、目の高さまで舞い上がった。薄暗い仕事場に、幻想的な華のように映える。伝統工芸士、高橋亮一さん(64)が、熱した炭の山から取り出したのは、氷鑿《こおりのみ》の原型。「冷たい彫刻を造るための道具やけど、できるまでは熱いねえ」

白鳥、城、五重塔…。腕利きの料理人が、パーティー会場を盛り上げる氷のオブジェを氷鑿で仕上げる。涼を誘う催しで、ジョッキや皿の創作に使われることもある。

氷が解けないうちに、精緻《せいち》な作品を完成させなくてはならないから、使いやすさが命。刃は硬めで、さまざまな厚さをそろえている。「品質を決めるのは、鍛えるときの温度」。赤さに見入りつつ、深くうなずいた。

父が興した高橋特殊鑿製作所で、約50年、鑿を打ってきた。主力の氷鑿以外にも、げた職人の「重能鑿《じゅうのう》」、穴開けに使う「つば鑿」など、70―80種類を手掛ける。それぞれ大小や変形があるた

料理人が、大きな氷の彫刻などに使う氷鑿

め、造れる種類は無限だ。

オーダーメードも多い。ある研究者からは、古墳から出た槍鉋《やりがんな》の写真を基に、再現を頼まれたこともあった。「頭の中で図面を引くと、造り方が思い浮かぶようになった。ほしい言われたら、造らないかんもん」

氷鑿の出荷先は最近、半分以上が米国。「景気に左右されやすい物だけに、日本でこそ使ってほしいけど。あ、オリンピックが始まる中国も増えればええな」。自らの鑿が世界を飛び回るさまに思いをはせながら、小槌《こづち》を振り上げる。

（佐伯竜一　2008／7／27）

炭で熱し、氷鑿の硬度を高める。炭の華が舞い上がった＝いずれも三木市別所町小林

▼高橋特殊鑿製作所
江戸時代、大阪で重能鑿を造っていた亮一さんの曾祖父が、三木に移った。父俊夫さんが、１９５０年代に創業。亮一さんは中学卒業後、父について修業、２００１年伝統工芸士。ブランドは「高丸印」。三木市別所町小林

藤原小刀製作所

父の背追い日々技磨く

「技術を教えてください」。小刀メーカー「藤原小刀製作所」の代表、藤原保彦さん(37)は工場内で深々と頭を下げた。「どうしても手作りがしたいんです」。保彦さん、31歳のときだった。高校卒業後、家業を継ごうと、伝統工芸士の父好輝さんの背中を追いかけた。しかし2001年、好輝さんが病気で急死する。残された保彦さんには、まだ熟練を要する手作りの技術は備わっていなかった。

「家業を守っていけるんやろか…」。途方に暮れる保彦さんのもとを、一人の男性が訪れた。父好輝さんと親交が深かった伝統工芸士の小刀職人、西口良次さん(73)＝三木市別所町東這田。保彦さんは断られることを覚悟し、指導を願い出た。

「一朝一夕では身に付かんぞ」。厳しい口ぶりとは裏腹に、西口さんは柔和な表情で受け入れてくれた。自身の一人息子は職人とは別の道を歩んでいる。「技術を途絶えさせたくない」。使命感

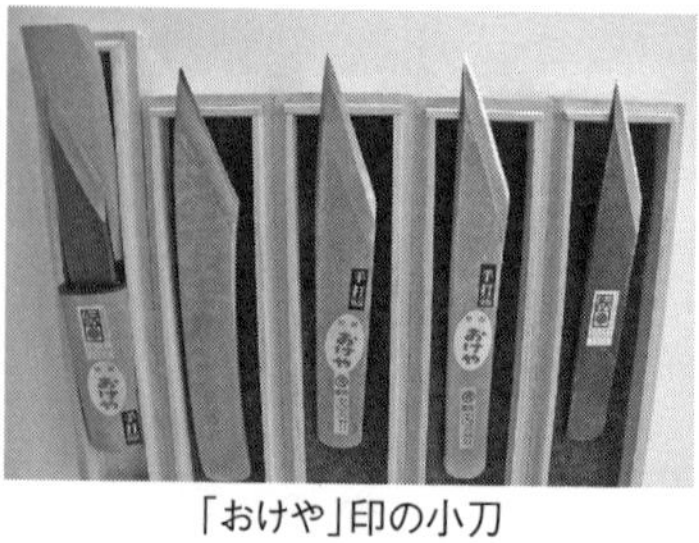

「おけや」印の小刀

が西口さんを突き動かした。「教室」は互いの工場で開かれた。張り合わせた鋼と鉄を熱する炉の温度、刃を成形するために鎚《つち》でたたく加減…。「持ち前の素直さ」（西口さん）で、保彦さんはめきめきと技術を吸収した。

1996年、「伝統的工芸品」として旧通産省から指定された播州三木打刃物。小刀に加え、鋸《のこぎり》、鑿《のみ》、鉋《かんな》、鏝《こて》の計五業種で、手作りを続ける16人が、伝統工芸士として活躍している。

「父と同じ伝統工芸士に、早くなりたい」。保彦さんは夢に向かって、今日も工場内に鎚の音を響かせている。

（長尾亮太　2008／8／24）

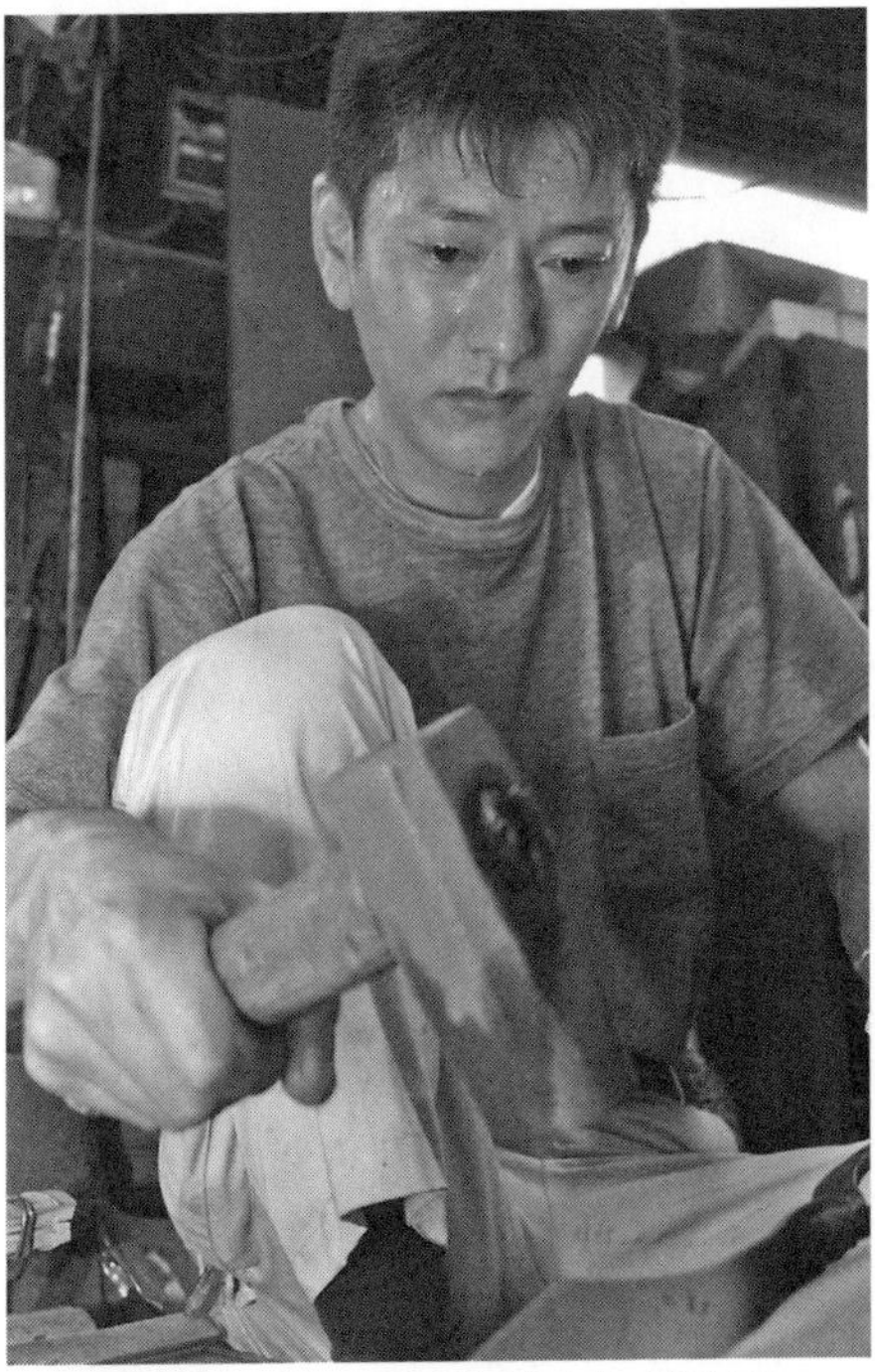

1100度に熱した刃を鎚でたたき、成形する
藤原保彦さん＝三木市大村

▼藤原小刀製作所
1927年、祖父一雄さんが手打ち小刀の製造を開始。それまで家業だったおけ作りにちなみ、現在も「おけや」を屋号に使い、製品に印を張っている。小出刃、万能、かま型など包丁も手掛ける。三木市大村

井之上博夫鋸製作所の導突鋸

精度高める究極の薄さ

鋸《のこぎり》の刃なのに、ぐにゃりと曲がった。丸めて見せた向こうから、伝統工芸士井之上博夫さん(80)が、いたずらっぽい目をのぞかせる。「薄さは0・2ミリ。でも鋼。すぐ元通りになるよ」。言葉通り、職人が手を放すと、刃は誇らしげにピンと伸びた。

導突鋸《どうづきのこ》。大工らがより精度の高い切断に用いる道具で、刃の薄さと、背をはさんで強度を高める背金《せがね》が特徴だ。刃渡りは18―27センチで、約3センチの間に、深さ1ミリほどの細かい目が30枚前後並ぶ。

刃が薄いから、余計な部分を切らずにすみ、切断面は鉋《かんな》をかけたようにツルツル。木は、自らが切られたことに気付いていないかのようだ。究極の薄さを実現させるのが、長年磨き抜いた技術。鋼の刃と鉄の柄を鍛接(接合)した後、繊細に槌《つち》を振るって刃のひずみを取り、焼き入れで硬度を高める。そうして最後に、回転する砥石《といし》にかける。「これ以上すると、目が立たないくらい

薄さ0.2ミリという導突鋸。刃がぐにゃりと曲がる

まで薄くするんです」

仲間と打った鋸は「全国育樹祭」で、皇族に使っていただく栄誉に浴した。昨秋の日本文化デザイン会議には、三木の金物業界を代表して出席。今や押しも押されもせぬ重鎮だが、刃物の歴史の研修会などには積極的に出掛けていく。

「昔を知り、今を学ぶ。年なんて関係ないよ、知らんこと多いもん」。キャリア60年余り。金物を語る目は、昨日修業を始めた10代のようにキラキラしている。

（佐伯竜一　2008／9／14）

鋼の刃と鉄の柄を鍛接。熱した色の見極めが重要＝いずれも三木市別所町高木

▼井之上博夫鋸製作所
江戸中期の鋸鍛冶（かじ）の流れをくむ。昭和初期、父俊雄さんが独立した。博夫さんは10代から本格的に修業を始め、2000年に伝統工芸士。後進の指導にも力を入れている。ブランドは「かねひ印」。三木市別所町高木

田中一之刃物製作所

末代まで残る包丁を

工場に足を踏み入れると、そこには「北陸の薫り」が漂っていた。半製品を包む新聞は「福井新聞」、職人が身にまとうエプロンや機械には「越前打刃物」とあった。

三木市別所町石野にある「田中一之刃物製作所」。鎌メーカーが軒を連ねる一帯に位置し、長年鎌《かま》をつくり続けてきたが、ここ数年、主力製品が鎌から包丁へと移行してきた。

変化の担い手は、一之社長(61)の長男誠貴《しげき》さん(31)だ。1995年に三木市内の高校を卒業し、福井県内の包丁メーカーに弟子入り。背景には「鎌の引き合いは頭打ち。主力製品を包丁にシフトさせよう」という一之さんの狙いがあった。

福井での親方は仕事に厳しく、同時に弟子入りした2人は相次いで辞めた。そんな中、一人気を吐いた誠貴さん。「鍛冶屋《かじや》の子どもは鍛冶屋やなあ」と親方も目を細める筋のよさで、メキメキと腕を上げた。

多彩な包丁。長い1本はマグロ解体用

3年目に入ると、火を使う作業が許された。鉄と鋼を付ける鍛接。温度が低すぎるときれいに付かず、高すぎると鋼の組織が壊れてしまう。炉内の色を見ただけで、微妙な温度の違いが判断できるようになった。

98年、北陸仕込みの技術を身に付け、家業に戻った誠貴さん。福井から不要になった機械を引き取り、生産を拡大すると、ドイツや英国、米国など海外からの引き合いも出てきた。

「伝統の技を引き継ぎ、末代まで残るような包丁を手掛けたい」。若き4代目は、しっかりと職人魂を受け継いでいる。

（長尾亮太　2008／9／29）

鉄と鋼を熱し、ハンマーでたたいてくっつける
=いずれも三木市別所町石野

▼田中一之刃物製作所
誠貴さんの曾祖父源太郎さんが明治—大正期に鎌をつくり始め、祖父勉さんが「田中勉鎌製作所」として事業を拡大。初代にちなみ、屋号は「カネゲン」。包丁は菜切り、出刃などのほか、マグロ解体用も手掛ける。三木市別所町石野

ドウカンの除草器具

熟練の技生かし新製品

「土の皮を一枚むくような気持ちで引く。力を入れなくても草が取れます」。はさみメーカーのドウカン社長岡島正造さん(45)が、長さ1・3メートルの柄を畑に下ろして手前に軽く引くと、言葉通り、草はあっけなく土から離れた。

柄の先には、U字型に曲がった長さ25センチ、幅2センチの鋼。これに刃が付いていて、草の根を断つ。感慨深げに口にした。「はさみ作りの技術が、除草器具の開発に生きるとはねえ…」

2004年春。新潟県の問屋で、北海道のメーカーが手掛けたという一本の除草器具を手渡された。「こんな物を量産してほしいんです」

米国などで使われる道具らしいが、日本ではあまり見かけない。しかし、無農薬栽培、農家の高齢化でニーズが高まりそうなのだという。持ち帰って畑で使ってみると、草がスイスイ取れた。「面白い。うちのプレスや研磨でさらに使いやすくできそうや」

長年培ったはさみ作りの技術を、新製品開発にも生かす

刃は柄の先にボルトでとめ、すり減ったら交換できる替え刃式にした。一部に凹凸を付けることで、草をかき集め、深い根を引き抜く動きに対応させた。柄には、軽くて丈夫なシイの木を使用。770グラムという軽量を実現させた。

05年春に発売したところ農家の評判は上々だった。幅の狭い仕様、片手で使うタイプの注文も舞い込み、相次いで製品化した。本業のはさみが低価格の海外産に押される中、「現場の声が必要な物を教えてくれるんです」と岡島さん。全国の農家に足を運び、次の一手に思いを巡らせる。

（佐伯竜一　2008/10/12）

土の表面を軽く引くだけで草が取れる。商品名は「けずっ太郎」=いずれも三木市鳥町

▼ドウカン

市内で金物問屋を営んできた岡島さんの義父武原弘和さん(75)が、1966年に洋裁用の裁ちばさみメーカーとして設立。芝生の刈り込み、園芸用なども手掛ける。社名は、武将太田道灌に由来するという。三木市鳥町

池内刃物の小刀

親子3代　技術追い求め

「鍛造《たんぞう》」という技術がある。張り合わせた鋼と鉄を鎚《つち》でたたいて引き延ばし、小刀を形作る。金型で造ったものより同じ切れ味が倍以上、持続する。大工や工芸家らが好んで使う。熟練が必要とされ、すべてを手作業で行える業者は多くない。

約10年前、池内刃物の社長、池内久徳さん(57)は、同社の職人で弟の広和さん(50)、長男の広海さん(31)と共に技を学ぶ決意をした。師事したのは、刃物職人として70年の経験を持つ父昭三さん(80)。完成品は高価で、売れ行きがいい訳ではない。しかし、「技術を継承しないといけない」との思いが先に立った。

毎週土曜日の休日に、3人で鎚を振るった。「手が遅い」「角度が違う」。父から容赦ない言葉が飛んだ。値が張る鋼の代わりに鉄を使ったが、総量は1トンを超える。

職人になって約40年の久徳さんを見て、父は言った。「やっと格好になってきた」

自社製品を持つ(左から)久徳さん、広海さん、昭三さん、広和さん

4人を含む従業員8人は、皆家族。「3代そろって仕事しているのが自慢」。昭三さんは誇らしげに話す。誰もが仕事を強制された覚えがない。久徳さんは「高校を卒業後、当然のように始めた」と話す。「子どものころから仕事場で遊んでいた」と広海さん。金属がぶつかる音が響く仕事場は、池内家の子どもの遊び場だった。

30年近く鎚を握ってきた広和さんは言う。「おやじからしたら僕らは子どもみたいなもの。もっと技術を磨いていかないといけない」

世代を超え、技を追い求める日々は続く。

（斉藤正志　2008／10／26）

鎚でたたいて少しずつ延ばしていく。5センチほどの鋼が6倍以上になる＝いずれも三木市大村

▼池内刃物
会長の池内昭三さんが1953年に「池内小刀」として創業し、70年に社名を改称。「昭三作」「美貴久（みきひさ）」などの商標を持つ小刀のほか、包丁やなたも手掛け、通常のなたより軽くて長い「ブッシュ」も開発した。三木市大村

酒巻文男の銘切り

鋭い光に品質の証し

小さな鉄板に彫ってもらった記者の銘は、1年半余りたった今も鋭い光を放っている。繊細さと力強さを兼ね備えた字体に、60年近く槌《つち》を振るってきた職人の歴史を思わずにいられない。包丁や鋸《のこぎり》、鉋《かんな》の刃に、職人や販売店の名などを彫る「銘切り」。三木では主に金物卸業の主人、番頭らが手掛け、使い手に品質を保証する役割を果たしてきたという。

酒巻文男さん(78)と出会ったのは、若手職人向けの講座。名刺を渡してものの数分、ふいに差し出された小さな鉄片に、記者の名と肩書が切られていて驚いた。

カシの木に埋め込んだ金床の上に、銘を切る金物を固定。鋼の先を研いだ長さ5―6センチ、直径4ミリ―1センチの「タガネ」を槌でたたき、少しずつ字を彫り進める。

酒巻さんは問屋で働き始めて間もない20歳ごろから鍛錬し、刃の角度や力の入れ具合を体で覚えた。製品を切るまでに3年かかったという。独立して卸問屋を構え、製品のイメージに合う

一作ずつ違う字体が、
金物の品質の証し

銘、商標の字体の再現を頼まれる腕前になった。業界には銘切り専門の職人が複数いた時代もあったが、需要減で減少。自身も10年ほど前に店は閉めたが、今も仕事の依頼には応じ、後継者の育成に力を貸している。

「銘は品質の証し。失敗でけへん」。仕事場をのぞくと、同じ文字を何度も練習したらしい鉄板があった。文字を輝かせていたのは、たゆみない努力だったかと、今日もまた、自分の銘に見入ってしまう。

（佐伯竜一　2008／11／9）

タガネを槌でたたき、鉄板に銘を切る酒巻文男さん＝三木市平田

▼酒巻文男
徳島県出身。親せきが営んでいた三木の金物問屋で働き、銘切りの技術を習得。1960年代に独立し、名古屋や四国に得意先を抱えた。現在も銘切りの仕事をこなし、業界団体の後継者育成にも協力する。三木市平田

吉田刃物水研所の研ぎ

切れ味生む指先の感覚

先端がまだ分厚い鉋《かんな》の刃を、電動で回る水研機に当てる。少しずつ少しずつ、斜めに削り取っていく。徐々に砥石《といし》の目を細かくし、最後は手でこすって慎重に磨く。

「砥石に当てたら接している面は見えない。自分らの仕事は手の感触でやっているようなもの」。求められるのは指先の感覚。作業中の吉田刃物水研所の2代目吉田和彦さん(55)の目は、刃先と同じように鋭い。

研ぎは、鉋や鑿《のみ》などの製造工程の一つ。刃に切れ味を生み出す作業は、製品作りに欠かせない。先端を磨く作業に目を奪われがちだが、「裏出し」と呼ばれる工程が最も難しいという。研ぐ前の刃先の裏面は、中心がわずかにへこんでおり、表を鎚《つち》でたたいて水平になるまで起こす必要がある。刃幅に沿って平行にたたき、起こしすぎてもいけない。強く打てば、割れてしまうこともある。

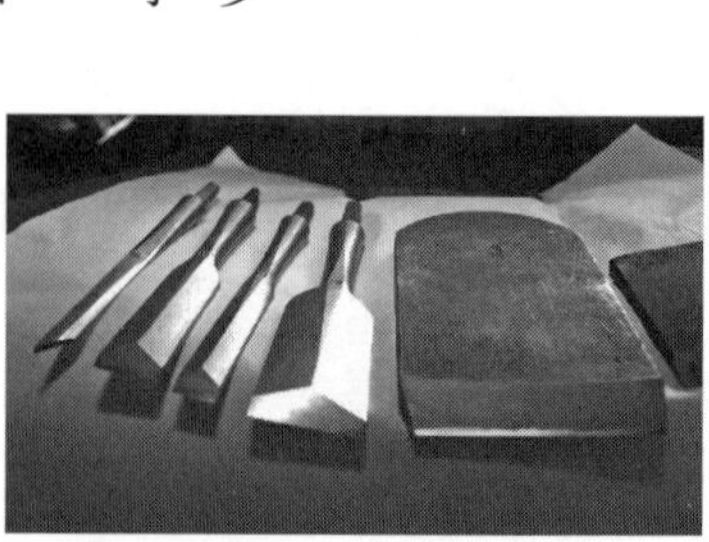

研いだ鉋と鑿の刃。先端が鋭く光る

20歳で仕事を始めた当初、メーカーから譲ってもらった練習用の刃で裏出しを訓練した。使った刃は、多いときで1日に50枚を数えた。「いつになったら一人前になるんやろうと思っていたけれど、大変やと思ったことはなかった」

高校卒業後にサラリーマンも経験したが、幼いころから見てきた父の仕事は苦にならなかった。一枚何万円もする刃の研ぎを任されることも。「僕らには何十枚のうちの一つでも、お客さんにとったら大事な一枚。だから一枚一枚が勝負」

職人としての誇りがのぞく。

（斉藤正志　2008／11／23）

水研機に刃を当てて研ぐ。摩擦熱を防ぐために注ぐ水が飛び散る＝いずれも三木市末広

▼吉田刃物水研所

1997年に72歳で亡くなった吉田さんの父邦雄さんが戦後に創業し、60年の歴史を持つ。90年に吉田さんが2代目を継いだ。主に鉋と鑿を専門とし、市内のメーカーなどから半製品の研ぎを任される。三木市末広

ヨコヤマ産業の鋸柄

完ぺき当然　切れ味支え

「カナモノガタリ？　うち、木工の会社やけど、大丈夫かいな」と、ヨコヤマ産業代表の横山享史《たかひと》さん（72）。笑顔で差し出された今回の主役は、サワクルミという木でできた鋸柄《のこえ》だ。長さ30センチの中央部が少し細くなっていて、幅数ミリのトウが巻き付けてある。

三木市別所町石野では、少なくとも昭和初期から鋸柄が造られていたという。横山さん方は鎌《かま》の柄を手掛けていたが、享史さんが1970年代、鋸柄の製作に乗りだした。

それまでの鋸柄といえば、鋸を差し入れる穴を開けるとき、向きや深さがバラバラになりがちだった。そこで柄を一度縦に割って、決まった向き、深さの穴を開けてから、接着剤で合わせ直す方式を編み出した。

トウは刃の根元近くだけでなく、上から下まで巻いて強度を高めた。中央を削ってシャープなシルエットを実現させ、使いやすさ、見た目、耐久性を兼ね備えた鋸柄を完成させた。

鋸柄に使う木材を、丁寧に加工する

売り出すと、全国の小売店で人気を集めた。替え刃式の鋸が増えた後も、メーカーから引き合いがあり、横山さんによると、今は石野の数軒で、全国に流通する大半を造るまでになった。米韓豪など、海外への出荷も増やしている。

造った柄の先に、目に見えない刃を思い浮かべるという横山さん。「柄がだめな鋸は、鋸にならない。製品が最高のセールスマンです。完ぺきで当たり前」。熟練の木工職人はやはり、誇り高き金物職人でもあった。

（佐伯竜一　2008／12／21）

使いやすさ、見た目、耐久性を兼ね備えた鋸柄を手掛ける横山享史さん＝いずれも三木市別所町石野

▼ヨコヤマ産業
享史さんの父三郎さんが、昭和20年代に鎌の柄の製造を始めた。享史さんは10代半ばから家業に励み、1970年代から鋸柄を製作。替え刃式用の製品開発などに力を入れ、国内外で評価されている。三木市別所町石野

高嶋鉋台製作所の鉋台

鍛冶屋と〝真剣勝負〟60年

鉋台《かんなだい》を作り続け、60年を超えた。

「なんぼ刃が良くても、台が悪ければ切れない。台を作ることは、『鍛冶屋《かじや》』と『台屋』の真剣勝負です」。市内の業界で最高齢という高嶋鉋台製作所の高嶋洋一さん(77)は、言い切る。

材料の樫材《かし》は、割れを防ぐため最低2年は倉庫で乾燥させる。作業場には6台の機械が並び、ボタンを押すと、瞬く間に三角形に穴が削られていく。手と鑿《のみ》が担っていた作業は、今では多くが機械になった。それでも高嶋さんは「肝心のところは手作業でないとできない」と話す。

本刃が入る表馴染《おもてなじみ》と呼ばれる斜面は、刃とうまく接するように、細心の注意を払って削る。「堅からず、緩からず、刃先が出るようにしないといけない」。刃を抜き差しして確認しながら、少しずつ鑿を動かす。「台屋の良しあしはここで決まる」という、腕の見せ所でもある。

15歳から本格的に仕事を始めた。1964年に父を57歳で亡くし、30歳の若さで家業を背負っ

長年使い込んだ鎚(つち)と鑿。指の形に変形している

た。だが、重圧を感じたことはない。「あのころは今ほど機械もなく仕事も多かった。納期に間に合わせることで必死だった」。朝から深夜まで、14時間は座って作業し続けた。

今では仕事も減り、市内の「台屋」も数えるほどになった。それでも鉋の普及のため、作業を実演するイベントには、骨を惜しまず出席する。

「体が動く限り現役です」。喜寿を迎えた職人は、うれしそうに笑った。

(斉藤正志　2009/1/25)

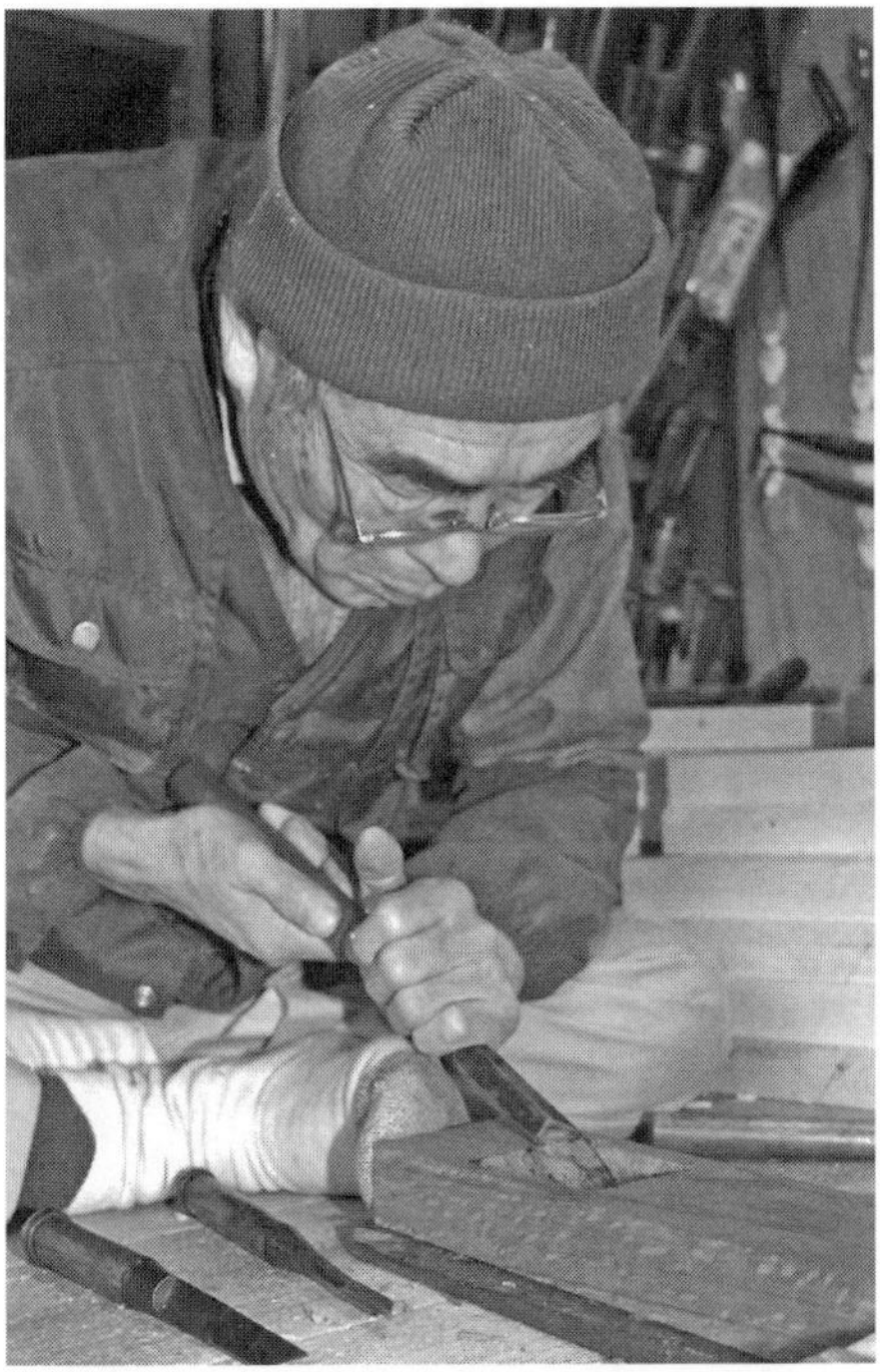

鑿を使って少しずつ削る。鉋台の出来は、最後は手作業にかかる=いずれも三木市福井

▼高嶋鉋台製作所

洋一さんの父俊二さんが戦後すぐに創業した。洋一さんは1989年に三木市技能顕功賞、2006年に県技能顕功賞を受賞。2000年には同業者と「三木鉋塾」を開講し、三木山森林公園などで鉋の使い方や直し方を実演し、指導している。三木市福井

道の駅みきの金物展示館

増え続ける固定ファン

「3千円台くらいの包丁を、プレゼントに使いたいの。お肉も野菜も切れるやつね」「三徳包丁が4種類ありますよ。さびないタイプにされますか？　使い方とお手入れは…」

道の駅みき（三木市福井）の金物展示館。市内のメーカーや卸など約110社が、約450平方メートルのフロアで包丁や園芸用品、大工道具など2万—3万点を売っている。不況とあって、買い物客は微減傾向と聞いていた。しかし、来訪客らとスタッフのやりとりは実ににぎやかだ。

「リピーターが増えてるんです」と、全三木金物卸商協同組合の副理事長三宅寛治さん（61）。買い手に占める割合は、今や4割前後とか。「三木にあることで、信頼してもらえるみたい」

もともと、三木の逸品を紹介すると同時に、主に業者の商談の場に、という想定で開設されたという。しかし市内には小売りの現場

約450平方メートルのフロアに、包丁や園芸用品、大工道具など2—3万点がずらり＝いずれも三木市福井

が少なく、市民でさえ地場の金物を入手しにくかった。予想に反し、一般消費者の来場が多くなった。

三木には小売り以外、何でもそろっている強みがある。手に入りにくい道具の引き合い、高度な研ぎや修繕の依頼にも、展示館を窓口に、地場の業者がほぼ応じてくれる。そんなわけでファンが増え続けた。

展示館で、来訪者と職人が触れ合う機会を増やしたい、と三宅さん。「卸は、使い手と作り手の両方を知るパイプ役。卸が携わる展示館は、ユーザーに喜んでもらい、メーカーを元気づけられる存在でありたいんです」

（佐伯竜一　2009／2／11）

地場の職人が手掛けた包丁を手に、来場者がスタッフに「さっきのとはどう違うの?」

道の駅みき金物展示館

2000年、道の駅2階にオープン。伝統工芸士が手掛けた高級品をはじめ、多彩な品ぞろえを誇る。売れ筋は包丁、鎌（かま）、刈り込みばさみ、せん定用の鋸（のこぎり）など。研ぎや修繕、各種相談にも応じる。三木市福井
全三木金物卸商協同組合
TEL0794・82・7050

トップマンの大工道具セット

中学生に使われ半世紀

かなりの国民にとって、大工道具との出合いは、中学の技術の時間だったのではないか。記者も20年近く前、鋸《のこぎり》や鉋《かんな》が入ったセットを買い、いすや本立てを作った。そんな道具のセットを半世紀近く扱っているのが、三木市大村の金物卸会社トップマンだ。

「うちのは鋸や鑿《のみ》、鉋が市内産。記者さんも使われたかも。うちのに限らず、全国の中学で使われるセットのうち鋸、鑿、鉋の八割くらいは三木産と違うかな」と、教具部企画室長の網干日出男さん(53)。中学の木工の授業は、1960年代から本格化し、多くの子どもたちがセットを買い求めたという。曲尺《きょくじゃく》で木材のサイズを測り、鋸で切断。鉋で形を整え、錐《きり》で穴を開けて、げんのうで釘《くぎ》を打つ。ほぞを作って強度を高めたいときは、鑿で削る。

しかし、90年代以降は木工の授業が減少。セットは個人持ちとせず、学校で買って保管するケ

教師や販売店関係者らに、道具の使用を体験してもらう「工作センター」=平田（トップマン提供）

ースが増えたため、販売数はピーク時の数パーセント程度にまで減った。

使わないから手入れ方法も分からず、放置する間に使えなくなる―という悪循環。ただ逆に言えば、生徒らがセットについて正しく学べば、道具の魅力を全国に伝えられるのかもしれない。

２００５年、同社は三木市平田に「工作センター」を設け、教師らに製品の使用を体験してもらう取り組みを始めた。新入社員の教育にも力を入れる網干さんは「まず地元の子に使ってほしい。三木金物はええもんばかりです」。胸を張った。

（佐伯竜一　２００９／３／１）

中学の授業向けに、金物卸のトップマンが半世紀近く扱う鋸、鉋、鑿などの大工道具セット＝三木市大村

▼トップマン
１９２４年、金物卸の「岡田栄次商店」として創業。後に海外への輸出にも手を広げた。教材用の道具セットなどを扱う教具部（当時は課）は、60年誕生。91年から現社名。主力は、ホームセンター向けの金物卸。三木市大村

千代鶴貞秀の鉋

腕認められ継ぐ大名跡

2代目千代鶴貞秀《ちよづるさだひで》。鉋《かんな》界の大名跡と言っていいだろう。神吉《かんき》岩雄さん(64)が、父で先代の故義良さんから受け継いだ。世襲制ではなく、地元の有識者らに腕が認められなければ名乗ることはできない。本人は「名前は残していきたいが、しっかり努力していかなあかんというだけ」と控えめだ。

名の由来は、明治から昭和にかけて活躍した千代鶴是秀《これひで》にある。不世出の名工と呼ばれ、手掛けた作は昭和40年代、日本木工具記念誌に「日本一の鉋」と紹介された、との記録もある。

三木出身の義良さんは１９３１年に20代で上京し、是秀に弟子入り。戦争への従軍などを経て、49年に貞秀を名乗ることを許された。

岩雄さんも15歳から父の下で働き出した。秒単位でも仕事が遅れれば怒鳴られ、少しでも口を開くと炭が飛んできた。その厳しさは「何度家出したか分からない」ほどだった。技術らしいことは教えてもらった記憶がない。父の仕事を見て覚え、夜に一人、工場で槌《つち》を握

「千代鶴貞秀」の刻印を押した鉋

ったことも少なくなかった。90年に2代目を襲名。98年には伝統的工芸品産業振興協会認定の伝統工芸士になり、近年は「先代よりよく切れる」と声をかけられるほど高い評価が定着している。

それでも岩雄さんは、焼き入れで「まだ一カ所分からないところがある」と話す。先代の作と比べ、表面にわずかな違いが出るという。職人として50年の経験を重ねても、試行錯誤の日々。より優れた鉋を生み出すため、骨身を惜しまない。

「秘伝はない。大切なのは愚直な心です」

鉋を打つ神吉岩雄さん。代々受け継がれる名品を求め、全国から注文があるという＝いずれも三木市福井

技とともに、名も磨かれ続ける。

（斉藤正志　2009／3／15）

▼千代鶴貞秀

「淡路の夕凪（ゆうなぎ）」「胡蝶（こちょう）の舞」「乱菊」「天爵」など、鉋に9つの登録商標を持つ。6年前からは、岩雄さんの弟子として岐阜県出身の森田直樹さん（30）が修業中。小刀も手掛けている。三木市福井

金物資料館

蓄積した技術　未来へ

鋸《のこぎり》、鑿《のみ》、鉋《かんな》、鏝《こて》、小刀…鋭く光りながら、所狭しと並ぶ大工道具。それらを作るために、職人たちが体の一部のように使っていたであろう、ごつごつと黒光りした鍛冶《かじ》道具。対照をなす道具が、金物業界で生きてきた人々の息づかいと、伝統産業の重みを醸し出している。

金物資料館（三木市上の丸町）は、古くから伝わる製法や、貴重な資料、製品、道具を収集、保存する目的で、1976年に設立された。当時、金物業界には技術革新の波が押し寄せ、急激な機械化が進んでいた。

三木利器工匠具工業協同組合（現三木工業協同組合）の理事を務めていた、小林ギムネ製作所の故小林元二氏は、散逸しつつあった古い工具や道具類を残し、業界の変遷を後世に伝える必要性を強く感じていた。

資料館の前には、金物にまつわる三神をまつった金物神社の鳥居が立つ

1974年、元二氏が死去。社業とともに遺志を継いだ長男の恒美さん(79)が、元二氏の遺産から建設資金として3千万円を三木市に寄付。金物資料館建設委員会が立ち上がり、完成に至った。

館内には、市内外から集められた約3500点の展示品が並ぶ。国の重要文化財に指定されている伽耶院(同市志染町大谷)で、鎮守社が85年に解体修復された時に取り出された和くぎを使った和鋼《わこう》や和鉄など、貴重な資料も置かれている。

三木金物の発展が刻まれた資料館に恒美さんは「歴史を反映し続ける建物であってほしい」と願いを込めた。

(藤森恵一郎 2009/4/12)

三木市内から集まった鑿がずらりと並ぶ=いずれも三木市上の丸町

金物資料館

三木市上の丸町。三木金物の製品、歴史、製造工程などを紹介。原則、毎月第1日曜には、古式鍛錬技術保存会による実演会がある。入館無料。午前10時—午後5時。毎週月曜と12月29日—1月3日休館。TEL0794・83・1780

スギタ工業の鏝

左官の要望聞き　手作り

長さ40センチほどの鏝《こて》があるかと思えば、わずか数センチの将棋の駒に似たものもある。横に細長かったり、棒の先に小さく平らな面が付いていたり、形もさまざま。スギタ工業の入り口の棚には約50種類が収まっている。

塗る壁により必要とされる種類は違い、その総数は数百に及ぶとされる。硬さ、厚さ、しなり具合、持ち手の高さ―。左官によって好みも違う。

求められる種類は膨大だが、杉田隆三さん(69)は左官の要望を可能な限り聞き、一丁一丁手作りで仕上げる。多少の無理難題でも聞き入れる。「人に頼まれたら引くに引けない」というのは、杉田さんの自己分析であり、モットーでもある。

人の良さを表す逸話がある。30年前、得意先の問屋に借金の保証人を頼まれ、はんこを押したが、夜逃げされて肩代わりした。気の毒がった別の問屋が新たに取引を持ってくれ、今も関係は

大きさや形により鏝の種類はさまざま

続いているという。

国産鏝の9割を生産するといわれる三木にあり、鏝で唯一の伝統工芸士。職人になって55年を数え、手掛ける本鍛造品は今では珍しくなった「二度打ち」を施す。鋼を熱してハンマーでたたき、灰の中で冷やした後、もう一度打つ。「陶器も土をこねるのをおろそかにすると、いい焼き物ができない。しっかり打てば鋼も締まる」。手間も時間もかかるが、作業は怠らない。

「時間がかかっても、左官さんが気に入ってくれるのが一番うれしい。一人一人の気持ちに沿った鏝を作りたい」と人懐っこい笑みを浮かべた。

(斉藤正志　2009/4/26)

熱してからハンマーで打つ。研磨作業では厚さをミリ単位で調整する=いずれも小野市万勝寺町

▼スギタ工業
杉田さんが1954年に鏝職人の故梶原真治さんに弟子入りし、62年に独立して設立。商標はヤマスギ印。2008年夏から長男智彦さん(38)が弟子として修業中。1979年に三木市本町から小野市万勝寺町に工場を移転した。

東大吉のカスタムナイフ

和洋折衷　至高の逸品

播州三木で、連綿と受け継がれた奥義を注いだもろ刃が、米国発祥、硬質のアイアンウッド製ハンドル（柄）、牛革のシース（さや）と見事に融合する。約40年間、小刀「東大吉」の鍛冶《かじ》職人として腕を磨き上げた大東英一さん（78）が作る「カスタムナイフ」は、至高の和洋折衷だ。

1980年代、安価なカッターナイフが普及し、戦後復興で隆盛を極めた三木の小刀も陰りがみえていた。さらに、ベトナム戦争の余波で、米国からもたらされたカスタムナイフが流行、「ナイフブーム」が巻き起こっていた。

折しも、顧客から「技術をナイフに応用してみては」と打診され、「時代のニーズに応え、技を生かしたい」と一念発起した。

しかし、ハンドルとシースに関しては素人同然。さらに、片刃の小刀に対し、ナイフはもろ刃。鋼を軟鉄2片で挟み鍛接する「三段重ね」にする必要があるが、槌《つち》を両片に寸分の狂いな

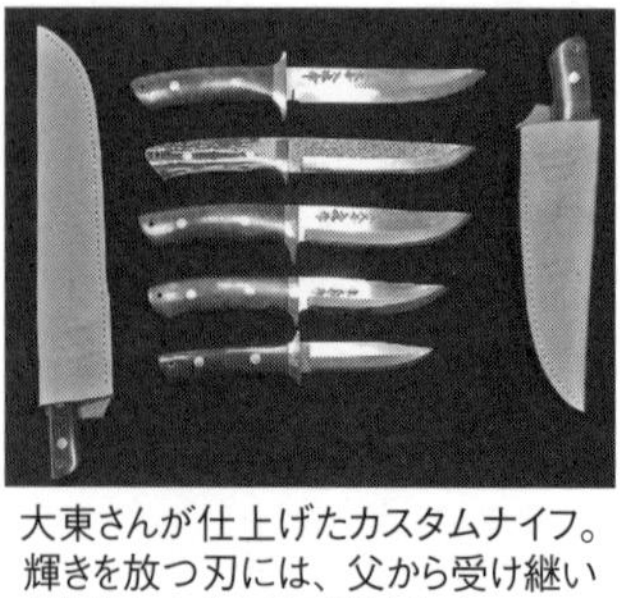

大東さんが仕上げたカスタムナイフ。輝きを放つ刃には、父から受け継いだ「東大吉」の銘が刻まれる

く、バランスよく打つことは、至難の業。55歳からの挑戦だった。

三木での風当たりは強かったが、「いつかは、このカスタムナイフで三木に貢献する」との一心で、日々精進、普及に努めた。94年、愛好家らと念願の「三木カスタムナイフギルド」を創立。現在は約30人が所属し、三木金物まつりにも自慢のナイフを毎年出展する。

愛する三木に献身してきた男は仲間を得て、今ようやく次の世代に、思いを託そうとしている。


（藤森恵一郎　2009／5／24）

刃を研ぐ大東さん。「刃物の価値の半分は、研ぎで決まる」と言い切る＝いずれも三木市府内町

▼**東大吉**
父大吉さんが1935年ごろ、創業。英一さんは17歳から父の下で修行、切れ味鋭い小刀を作り、全国に名をはせる2代目名工となる。55歳で技術をカスタムナイフに応用し、一般的にステンレスが使われる刃を鍛造で仕上げ、名声を高める。三木市府内町

三木章刃物本舗の彫刻刀

挑戦続け　ヒット生む

流線型にくびれた柄。人さし指と親指の間に挟むと、しっくりなじむ。少しの力で木の上を滑るように彫り進む。手に取ったある小学校の先生が「自分の小さいころにあったら、図工がもっと好きになったかもしれない」とつぶやいたとか。

１９８５年、三木章刃物本舗の長池広行さん(69)らが考案した彫刻刀「パワーグリップ」。全国の小中学生や愛好家が求めるヒット商品となった。

新しいことに挑戦するのが社の伝統だ。19(大正８)年の創業時は小刀を作っていたが、２代目の故俊次さんの発案で彫刻刀の製造を始めた。折しも昭和30年代の高度成長期。「いずれ余暇で彫刻や版画に親しむ人が増える」と先を見越した決断だった。

複合材と呼ばれる鋼と鉄を接合した安価で強い素材を採用し、外注していた柄を自ら製作することで、値段を当初の半値くらいまで下げ、庶民の手に届く品を実現した。

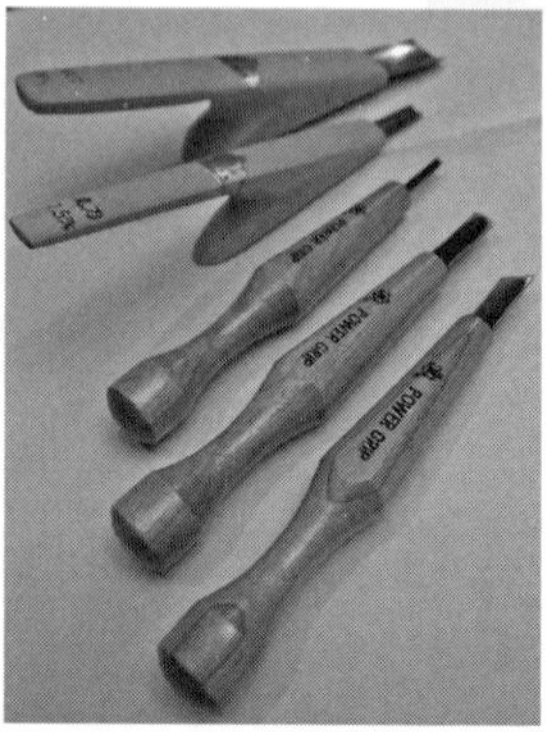

柄に特長を持つ「パワーグリップ」。奥は「小鳥型」の彫刻刀

82年には現専務取締役の長池繁機さん(57)らが「小鳥型」と呼ばれる斬新な形の彫刻刀を開発。人さし指と親指の間に挟む形は、後のパワーグリップにつながった。

プレス機で木彫刃物を鍛える長池繁機さん=いずれも三木市別所町東這田

小刀職人として伝統工芸士の肩書を持つ広行さんは言う。「刃物作りの基本は大事にしている。切れ味も人気の理由と思っている」。焼き入れや研ぎなど、大事な工程は今でもすべて手作業だ。

「何げないところからアイデアは出る。常に新しいことに挑んでいきたい」と繁機さん。さらなる刃物の「進化」へ、思いをめぐらせる。

(斉藤正志　2009/6/14)

▼三木章刃物本舗

故長池章さんが創業し、孫に当たる現社長の勝寛さん(59)が3代目。園芸刃物や家庭刃物、木彫用品など手掛ける品は多彩。三木の土産物として定着した「バランス手乗りトンボ」などのアイデア商品もある。三木市別所町東這田

福保工業の金槌

注文鍛冶の誇りを胸に

取り出した4冊のルーズリーフ。1ページごとに手書きした道具の設計図は千差万別で、寸法、形状などがぎっしりと書き込まれている。どれも規格品とは別に、顧客から別注を受けたときに控えたものだ。

「〝注文鍛冶《かじ》〟なら頼まれた品は何でも作れんといかん。おやじから教わったんです」

注文鍛冶とは、大工、左官、鍛冶道具などを受注生産する鍛冶職人のこと。こだわりの強い一流の職人たちから、ミリ単位で細かい注文を受けることが少なくないため、高度な技術が要求される。三木工業協同組合によると、現在、三木市内の注文鍛冶は数えるほどだという。

父、兄と続いた名高い金鎚《かなづち》「福島印」の3代目名匠福島保弘さん(73)は、金鎚や玄翁《げんのう》など、少なくとも5000種類以上の別注品を生み出してきた。すべて手作りだ。

中学卒業後から技能者養成所に通いつつ父の仕事を手伝った。「無口なおやじ」が小槌で指し示す鋼の部分に、黙々と大槌を打ち込む仕事「先手《さきて》」を務め、素早く、しかも丁寧に鍛造する術

多様な形状の道具を
生み出してきた

を覚えた。

「難しい道具を注文されると、どうしても作りたくなるんです」という言葉からは、確かな技が裏付ける自信が伝わってくる。しかし、決しておごりはない。「自分には100丁のうちの1丁でも、お客さんにとっては一生のうちの1丁や。買う身になって作れ」。言葉少なな父からの一言を胸に刻み、今日も槌の音を作業場に響かせる。

（藤森恵一郎　2009／6／28）

「素早く、丁寧に」。父の言葉を胸に一途に仕事に取り組む＝いずれも三木市別所町高木

▼福保工業
父角次さんが1924年に創業した「福島鉄工所」で長年働き、91年、主力の「福島印」ハンマーを引き継いで独立。鍛冶、左官、大工など各種道具も製造。注文主からのきめ細かな要望に応える受注生産を続ける。三木市別所町高木

アローライン工業の鏝

試行錯誤を重ね〝進化〟

柄から鏝《こて》の中央へとのびるくびれたライン。「背金《せがね》」と呼ぶ黒い部分が印象的な製品は、爆発的なヒットを生み、引き絞った弓になぞらえて付けた名前は、社名にもなった。アローライン工業の宮崎勉社長(66)が、1980年代初頭に開発。画期的な商品は、業界に衝撃を与えた。

従来の鏝は柄を1点で支える構造から、柄に近い下の方ほど鏝板が摩耗し、使うほどに湾曲してくる。宮崎さんはこの課題を解決するために、鏝との接着面が広い背金を張り付ける手法を考案。これによって、鏝の表面に加わる力が分散し、湾曲せずに長く愛用できる商品を実現した。

きっかけは、左官に言われた「長く使うとちびて使いにくいんや」という一言。「あの言葉でアイデアがピンときた」というが、実現まで約5年の歳月を要した。

鋼の背金と鏝板を張り付ける接着剤は「星の数ほど」試したという。職人が鏝を洗うために時折使うシンナーでもはがれないものを探し求め、試行錯誤の末に現在の接着剤にたどり着いた。

鏝板をプレスする従業員

「大事なことは、九十九パーセントあかんと思ってもやってみること」と宮崎さん。ヒットを生んでもアイデアは尽きず、新商品の考案を続けている。「夢のようなことでも、考え続けていればある時に急に思い付くことがある。今もいっぱい考えていますす」。まだ見ぬ新しい鏝の開発へ、意欲は衰えない。

（斉藤正志　2009／7／12）

長く使っても湾曲しない画期的な鏝を開発した宮崎勉さん。中央の黒い部分が「背金」＝いずれも三木市福井

▼アローライン工業
宮崎勉さんが、22歳で宮崎鏝製作所として三木市平田に創業。1989年に現社名になった。長男恵介さん（40）が専務を務め、200種3000サイズの鏝を製造している。96年に同市福井に移転した。

孫光のバール

「孫の代」まで光り輝く

明治時代から4代に渡って、受け継がれてきたブランド「孫光《まごみつ》」。今も昔も変わらず、一品一品、丁寧に仕上げられる製品には、目が高い職人のファンが数多くいる。4代目として、父の井上善雄(62)さんと二人三脚で、会社を引っ張る長男の勝雄さん(32)は「孫光が築いてきた信用。途絶えさせたくない」と力強く話す。

最初の会社名は「井上ナイフ製作所」。勝雄さんの曾祖父孫助さんが創業した。切れ味鋭いナイフとして名をはせたが、需要は減少に転じた。善雄さんは「ナイフを悪用した傷害事件が増え、ナイフのイメージが世間で悪くなった」と話す。

戦後の高度経済成長期に入り、需要が急増するバールや金工用のタガネを作るようになり、名も新たに「井上工具製作所」として再スタートを切った。孫助さんと2代目の作雄さんが相談し、ブランド名を、孫の代まで光り輝くように—との思いを込め「孫光」と命名した。

バールとともに「孫光」印の入るコンクリートタガネ

機械による大量生産がほとんどとなったバールを、勝雄さんは1本ずつ手作りする。バールの命は、くぎをすくう、先端の〝首〟部分の角度。火中に差し入れ赤みを帯びた特殊鋼棒の先端を、ジグという固定する工具に引っかけ、一気に体重を預ける。先端がぐにゃりと曲がった。
ミリ単位の角度調節を行うため、赤くともる先端を鋭く見つめる目と微調整を行う手は、繊細だが一寸の迷いもない。先代が託した「孫光」は、たしかに孫の代まで光り輝きながら受け継がれている。

（藤森恵一郎　2009／7／26）

てこの原理を使い、体重を預け、バールの先端を曲げる井上勝雄さん＝いずれも三木市大村

▼井上工具製作所
前身の「井上ナイフ製作所」は1911年に創業。孫助さんと2代目作雄さんの代になった50年ほど前から、時代が求めるタガネ、バールを主力に。注文主からの要求にきめ細かに応じられるよう、手作りを貫く。

宮永鑿製作所の鑿

「より硬く強く」を追求

「1分30ビョー」「800度」「50ビョー」…。鑿《のみ》を硬く、強くするための「焼き入れ」。宮永鑿製作所の壁には、炉にくべる最適な時間と温度を、鑿の種類や大きさごとに書き込んだ紙が張ってある。色あせた紙と今もしっかり読み取れるマジックの文字は、最高の鑿を求めて火と格闘してきた宮永輝男さん(79)の研究の日々を物語っている。

昭和30年代後半。徐々に父の故藤太郎さんから仕事を任されるようになり、「おやじは勘でやっていたが、自分は漠然とやっていたらいけない」と研究を思い立った。大きさや種類ごとに作った試作品の組織を、市内の県機械金属工業指導所(当時)で調べてもらい、最も強いものができる温度と時間を探し求めた。三日にあげず持ち込み、その数は数十本に及んだ。

宮永鑿製作所は明治41(1908)年に輝男さんの祖父の故寅吉さんが創業した。当時の三木町が発行した鑑札には年号が記され、101年の歴史を伝えている。

製作した鑿と創業時の旧三木町発行の鑑札

2代目の藤太郎さんは92歳で亡くなる直前まで、仕事場でヤスリがけをしており、輝男さんの次男晃さん(47)は直接手ほどきも受けた。

理想の温度と時間を書き記してはいるが、勘が頼りの部分は大きいと感じる輝男さん。「私もおやじを見てやってきた。息子も自分で考えてやってくれるはず」伝統の技は、あせることなく受け継がれる。

(斉藤正志 2009/9/13)

ヤスリをかける宮永輝男さん。「平丸追入鑿」など新たな鑿も考案した=いずれも三木市本町

▼宮永鑿製作所
「宮永作」「宮永藤太郎」の登録商標がある。追入鑿や差鑿など手掛ける製品は多様。錬鉄を用い、木目のような独特の模様の品も手掛ける。3代目の宮永輝男さんは、1998年に伝統工芸士に認定された。三木市本町

山本鉋製作所の鉋

受け継がれる技と心

熱した鋼に力強く、素早く鎚《つち》を振り下ろす。鋼の組織を微細にし、切れ味良い鉋《かんな》を生み出す生命線、鍛錬に絶対の自信をのぞかせる。大正8年創業の山本鉋製作所、3代目山本芳博さん(62)。確かな技と、戦中の廃業の危機を乗り越えてきた〝生命力〟が、芳博さんの鉋には宿っている。

芳博さんの祖父の故喜市さんが創業。長男と三男が跡を継ぐため修業を積む一方で、次男で芳博さんの父勝三さんは、早々と三木を出て、神戸で会社員として働いた。

やがて、戦争に召集された兄弟。家業を継ぐ予定だった長男と三男は海外で戦死し、勝三さんのみが戦地から生還、後継者となった。芳博さんは「おやじが帰ってきてなければ、今ごろ自分もサラリーマンをしていたでしょう。不思議な運命です」と回想する。

生前、ふだんは陽気で穏やかだった勝三さんも、仕事になると目の色を変え、気は短くなった。鉄と鋼を接合する作業、鍛接《たんせつ》がきちんとできていないと何度も「やめてしまえ」と怒声が飛

勝三さんの鍛冶銘「勝三郎」を刻んだ、芳博さん作の力作

んだ。「本来、職人になるはずだった死んだ兄と弟への責任から、自分を3代目に育て上げる一心だったのでは」と芳博さん。

芳博さんの後継には、長男の健介さん(30)が控える。作れば売れた時代は終わり、鍛冶職人にとっては厳しい時代となった。しかし、芳博さんから新たな技術を学び、4代目は日々精進を続ける。〝継承〟の2文字を深く心に刻み込み。

(藤森恵一郎　2009/10/4)

3代目、芳博さん。勝三さんの技と思いを次代につなぐ=いずれも三木市芝町

▼山本鉋製作所

3代目芳博さんの鍛冶銘は「鉄心斎芳楽」。鉄と心が一つのごとく―と先代が命名した鉋銘「鉄心一如彦六」に由来する。4代の健介さんは、先代が手掛けなかった銘切りや刃研ぎなどを独学、同製作所の鉋の進化を目指す。

小林木工の大工道具館

1000点を超す貴重な逸品

義廣《よしひろ》、梅一《うめいち》、善作《ぜんさく》――。名工と呼ばれる職人の鉋《かんな》や鑿《のみ》が棚にずらり。壁には、一見して年代物と分かる大小の鋸《のこぎり》が飾られている。

目に付く場所にあるだけで200点以上。小林木工専務で鉋台職人の小林忠男さん(67)が「たいしたことはないんやけど…」と話しながら戸棚や引き出しを開けると、さらに貴重な逸品がごろごろと出てきた。所蔵品は、江戸時代から現代まで1000点を超える。愛好家垂涎《すいぜん》の品が並び、坂田春雄、初代千代鶴貞秀、錦政男といった三木の名工の作もそろう。

もともと収集が趣味だった忠男さんが、本格的に集め始めたのは約15年前。明治から昭和にかけ、「不世出の名工」と呼ばれて活躍した千代鶴是秀《これひで》の鑿に出会ったことがきっかけだった。表面の仕上げ方などに引き込まれ、2週間悩んだ末に購入した。「あれから骨《こっ》董《とう》市によく足を運ぶようになった。ほかの人が持ってないものを持

棚に並ぶ名工たちの鉋

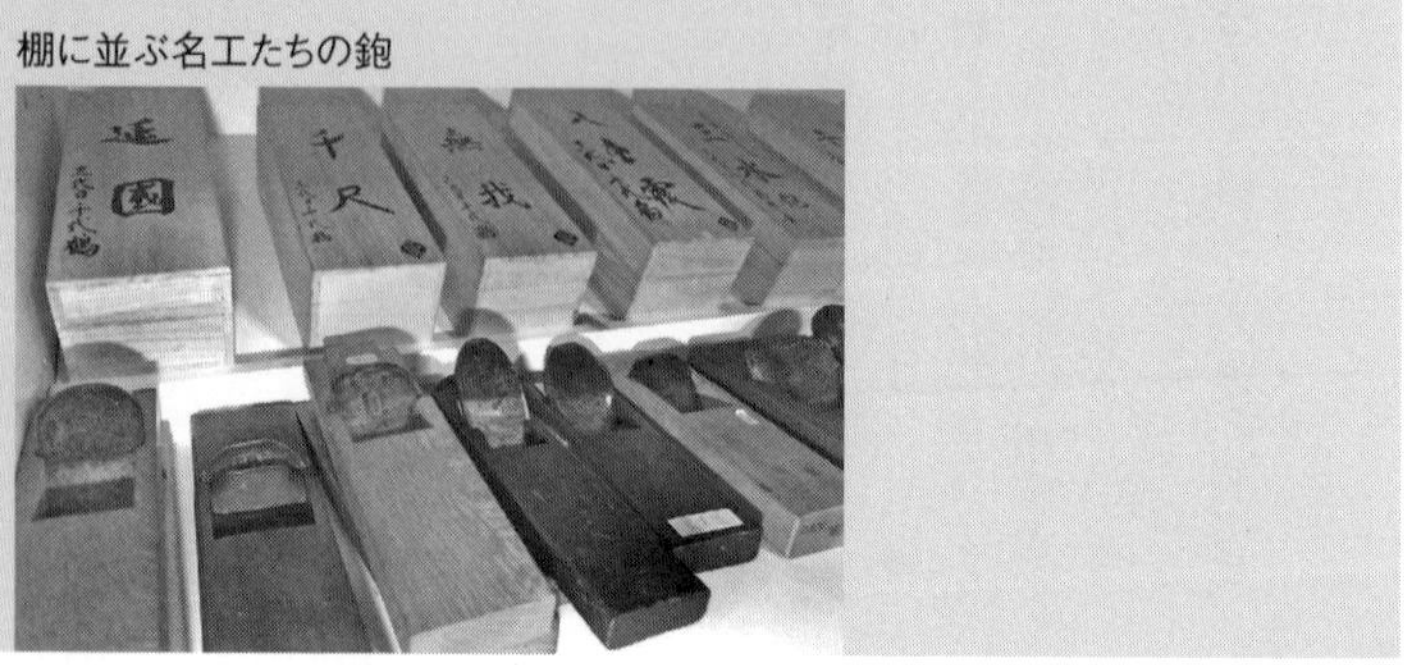

っているのがうれしくて」と振り返る。

3年前には自宅の一室の12畳を、展示室に整備。「大工道具館」として一般からの見学を受けるようになった。全国から愛好家が訪れ、何時間も〝金物談義〟に花を咲かせることもあるという。

「同じ鉋でも一枚ごとにそれぞれ顔が違う。一つ一つが私の宝」と忠男さん。「三木の金物の歴史を知ってほしいという思いもある。集めている人はやっぱり人に見てもらうのが楽しいんです」と笑った。

（斉藤正志　2009／11／1）

貴重な金物1000点以上をそろえた小林忠男さん＝いずれも三木市別所町東這田

小林木工
忠男さんの父の故兼次さんが1924（大正13）年に創業。当時は主に鉋台を扱っていたが、現在は家具製造を中心に手掛けている。三木市別所町東這田。大工道具館の見学は無料で、予約が必要。TEL0794・82・6100

金物鷲

若手職人　意欲の結晶

鋸《のこぎり》の羽根、包丁や小刀の胴体、ギムネ（木工用らせん錐《きり》）の足…。岩の上から羽ばたこうとする鷲《わし》の目は、遠く高みを見据える。雄々しい姿には、三木金物を世界へ雄飛させるという業界の意気込みがこもっている。

鋸442本、包丁292本、鏝《こて》140枚、肥後守311本―。使用する金物の総数は2953点にも及ぶ。翼長5メートル、高さ3・2メートル、重さ1・5トンの堂々たる体の製作には、展示のたびに職人約20人が6時間をかける。日本各地のほか、ドイツやアメリカの見本市にも出展され、来場者の注目を浴びた。2006年からは、毎年の金物まつりで展示されている。

1952年に初代が作られ、59年に現在の3代目に。かつては市と三木商工会議所が管理・製作してきたが、2001年に三木工業協同組合青年部会長（当時）の魚住徹さん（50）が「金物のPRには積

国内をはじめ世界でも展示され、注目を浴びた金物鷲＝いずれも三木市役所みっきぃホール

極的に参加しないといけない」と青年部がかかわることを提案。以来、若手職人が中心となり携わるようになった。

06年には中の麦わら部分をふき替えるため、畑に種をまくことから始めて麦を育てた。今年は3代目金物鷲の生誕50周年を機に、全体の8割以上に当たる金物2511点を新調。青年部の職人らが自ら汗をかき、一本一本作った。傷んだわらの補修には、6月から4カ月間、仕事の合間を縫って取り組んだ。

青年部会長の藤田隆英さん(45)は「金物鷲は三木金物のシンボル。メンバーの愛着もある。ずっと継承していきたい」と力を込める。業界の若き担い手たちにより、鷲は羽ばたき続ける。

(斉藤正志　2009/11/8)

金物鷲を製作する青年部のメンバー

金物鷲

1932年の大水害から復興の願いを込め、翌年に作ったものがルーツ。52年の三木金物見本市(現在の金物まつり)で初代を製作。普段は分解保存しており、会場で組み立てる。2010年2月の東京でのギフトショーにも出展した。

義若の鋸

培った技　数字化し継承

「何の変哲もない平凡な鋸《のこぎり》ばっかやで」。近藤義明さん(75)は謙遜《けんそん》するが、世に出た鋸の数々は、職人たちが愛してやまない逸品ぞろい。木造艇建造で世界的に注目を集める船大工、佐野末四郎さん(51)＝東京都＝も愛用者の一人で、「刃は左右にそれず、まっすぐ入る上に、切れ味が軽い。大して切れない、見た目と名ばかりの鋸とは訳が違う」と絶賛する。

中学卒業後から父の故力松《りきまつ》さんを手伝い始めた。だが、昔ながらの作業法にこだわる父とはよく衝突した。「自分も負けん気が強いから。おやじなしでもできるようになりたくて技を磨いた。今思えば、親子ならではの師弟関係やった」と笑う。

1998年、鋸職人としては国内で初めて、経産省認定の伝統工芸士となった。すべてが手作業頼りの時代と違い、現在は機械も導入し生産するが、鋸の仕上がりを左右するのは、やはり職人の目や技だ。

伝統工芸士としてのこん身の作品。多くの職人が愛用する

とはいえ、近藤さん自身は、昔ながらの勘や経験のみに頼る技術には否定的。「技の伝承なんていうと偉そうに聞こえるが、技術には数字が付いてまわると思うんです」。焼き入れの温度、時間、研磨の厚み。さまざまな作業を数字化してこそ、技は共有され、後代へと引き継がれる。

かつてに比べ受注が減ったとはいえ、今も1日数百枚を生産する。近藤さんの数字へのこだわりは、プロ職人だけでなく、1人でも多くの一般ユーザーに使ってもらいたいという願いが込められている。

（藤森恵一郎　2009／11／22）

焼き入れをする近藤さん。真っ赤に熱した刃を次々と油に付ける＝いずれも三木市別所町高木

▼義若

父の故力松さんが1927年に創業。68年、三木金属工業センター内に移設、義若丸製作所と改名し、87年現名。現在、後継に長男の久登さん(41)がいる。本職用の両刃鋸から替刃式、園芸用剪定鋸と、多彩に手掛ける。三木市別所町高木

宮脇鏝製作所のレンガ鏝

「塗らない鏝」手作業で

「うちの鏝《こて》は塗らないんです」。宮脇鏝製作所の2代目宮脇雅彦さん(49)は、こう言って説明を切り出した。トランプのスペードに似た独特の形。通常の将棋の駒のような形の鏝とは、確かに違う。

「左官さんが、モルタルやしっくいをバケツで練り合わせるときに使うんです」と雅彦さん。使用するのは、しっくいなどをもう片方の手に持つ板の上に載せるまで。左官にとってなくてはならない必需品だ。

レンガ上にモルタルを置いて接合するときにも使われ、「レンガ鏝」と呼ばれる。ブロックを積む際に使う「ブロック鏝」も製作。専門で扱う業者は全国でも少なく、市内では数軒のみという。製作過程は、ほぼすべて手作業。水研機で厚さを1ミリより小さい単位で調節し、組織を強くする焼き入れも行う。２００７年からは、持ち手のある「首」と「鏝板」の溶接も自前で担うようになった。

製作したレンガ鏝。左端はブロック鏝

通常の鏝よりもすり減るのは遅いが、それでも10年くらい使った品が修理で返ってくることがある。とがっていた先端は丸くなり、柄は手の形に変形している。創業者で父の武雄さん(76)は「修理に返ってくるのは長いこと使える証拠」と笑う。

職人の要望に応じ、バケツの底までモルタルがすくえるように、初めから先端が丸い商品も開発。試行錯誤を怠らない。

雅彦さんは「いいものを長く使えるよう心がけている。長く使われすぎたら売れ行きはよくなりませんが」と顔をほころばせた。

(斉藤正志　2009/12/20)

焼き入れをする宮脇雅彦さん。製作過程はほとんど手作業という=いずれも三木市別所町小林

▼宮脇鏝製作所

鋸(のこぎり)職人だった宮脇武雄さんが1967年に三木市宿原で創業。85年に工場を現在の同市別所町小林に移転した。従業員は武雄さんと長男雅彦さん、次男和彦さん(48)、三男正利さん(45)の家族4人。

サボテンの園芸用はさみ

すべての人に使いやすく

高齢者や障害者、健常者の別なく、すべての人が使いやすいように配慮した「ユニバーサルデザイン」。この理念を製品開発に取り入れ始めたメーカーが、三木の金物業界にある。園芸用品を製造・販売するサボテン。久保洋一郎社長(63)は「安い海外製品が大量輸入される時代。製造業にとって当たり前の『消費者が欲しい物を作る』ことを考え直す必要がある」と理念導入の理由を説く。

同社がユニバーサルデザインに注目し始めたのは昨年。社員がゼロから勉強するところから始めた。「どんな人でも公平に使えること」など、一般的に「ユニバーサルデザインの7原則」といわれる条件を基に、独自の基準を設けた。

そして、年末。第1号の製品、農園芸用の4種類の「衝撃吸収はさみ」を開発した。石田昌宏営業部長(34)によると、はさみを多用する農家には、切断時、両刃がぶつかる衝撃とその蓄積な

独自に考案したユニバーサルデザインのマークが、製品のパッケージに入る

どから、けんしょう炎にかかる人が多いという。

この衝撃を和らげるため、開閉時に強く接触する個所「打ち合わせ」にウレタン樹脂の小さなクッションを取り付けた。石田部長は「ささいなことかもしれない。でも、野菜や果物の品種改良がどんどん進む中、道具はずっと同じ形で取り残されてきた」と〝大きな一歩〟を強調する。

石田部長は「どれだけ手間暇掛けて作っても、使ってもらえなければ意味がない。三木の金物業界全体にユニバーサルサインが広まれば」。伝統の世界に新風を吹き込む心意気だ。

（藤森恵一郎　2010／2／14）

「衝撃吸収はさみ」を手にする久保洋一郎社長。「製品開発には柔軟な発想が大切」と話す＝いずれも三木市別所町巴

▼サボテン

1932年故石田宗太郎氏が鉄鋼問屋を創業。後に園芸用品メーカーとなり、61年株式会社に改組。せん定はさみ、鋸、スコップなど園芸・除草用品を幅広く扱う。今後、ユニバーサルデザインの製品開発に力を入れる。三木市別所町巴

廣為鋸製作所の山林用鋸

木に食い込み切れ鋭く

北海道の開拓使も使ったという山林用鋸《のこぎり》。廣為鋸製作所《ひろためのこ》は、明治元（1868）年の創業から140年以上、一貫して手掛けてきた。

背は曲線を描き、刃は根元は小さくて細かく、先端に向かうほど大きくなる。木に食い込みやすく、引くほどによく切れるよう考えられている。

4代目の廣田清一さん(73)のモットーは、「焼き入れ、焼き戻しが第一」。鋼を炉で熱して油に浸す「焼き入れ」は、素材を硬くするのに欠かせない。その後に薬品につける「焼き戻し」は、柔軟性を持たせるために重要な作業だ。

生木を切るとき、鋸には何トンもの重さがかかるときがある。切れ味を鋭くするため強くし、かといって、もろくならないように、しなやかに―。微妙な温度管理などが必要で、炉の温度が800度を超える焼き入れでは、炎の色で10度単位の違いが分かるという。廣田さんは「この作業ができたから長い間やってこられた」。

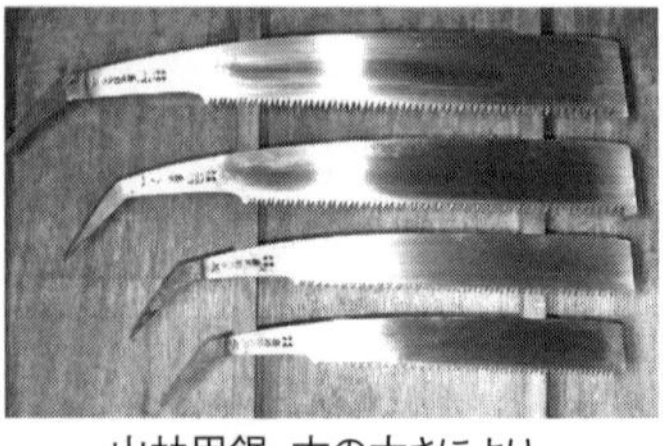

山林用鋸。木の太さにより、大きさもさまざま

30年ほど前までは製造が注文に追い付かず、完成品は傷物でもすぐに問屋が持って行った時代があったという。幅20センチ近い大きめの品も作っていた。チェーンソーの普及で、需要は少なくなり、現在は大きくても幅10センチほどになった。

それでも、ほかの職人が両刃など別の鋸に切り替えたときも、手を出さなかった。「もう年やから別のものを作る気もない。昔から長いこと山林用でやってきたプライドもある」。信念を貫き、一本一本に気持ちを込める。

（斉藤正志　2010／2／28）

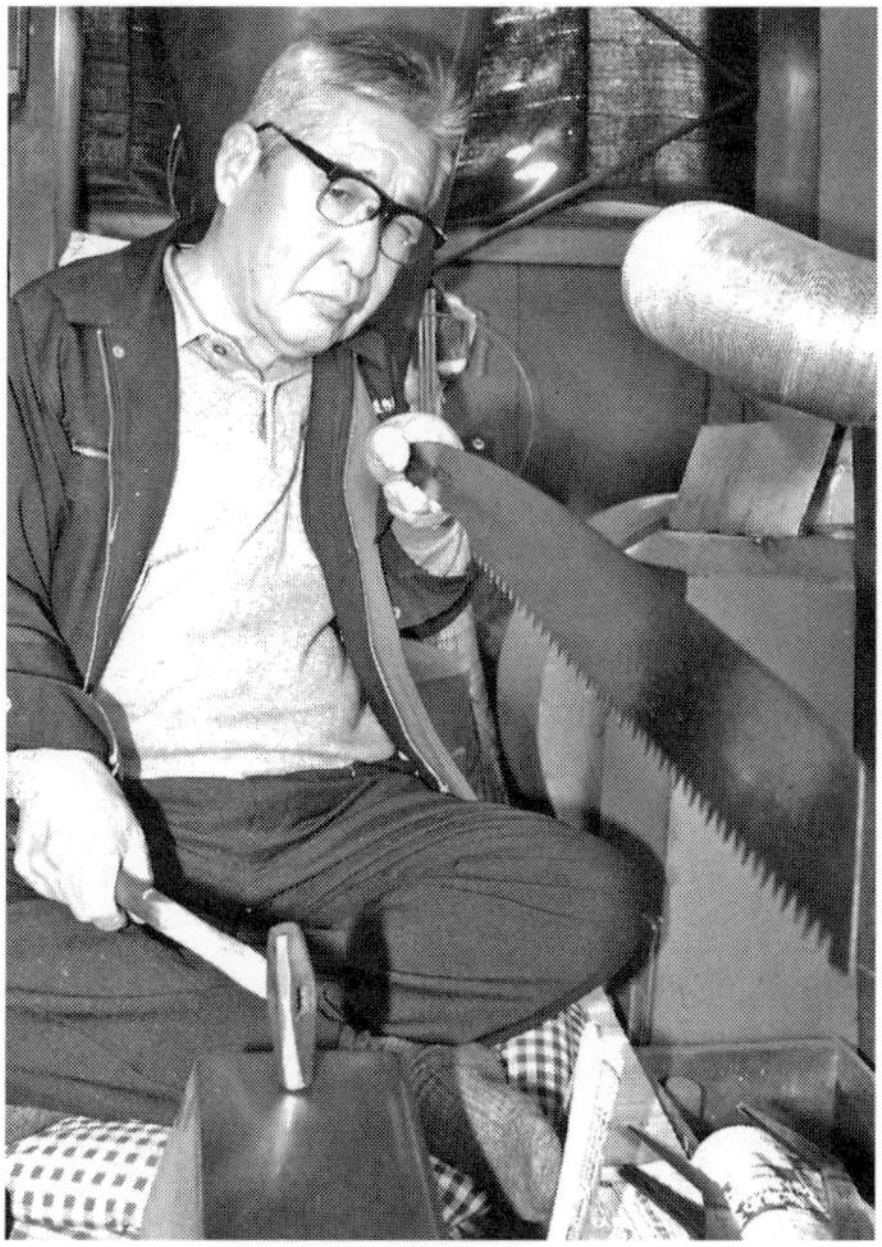

鋸のひずみを取る作業に当たる廣田清一さん
＝いずれも三木市福井

▼廣為鋸製作所
4代目の廣田清一さんの曾祖父源吉さんが創業し、かつては大鋸（おおが）と呼ばれる大型の伐採用の鋸も扱っていたという。2代目は祖父勘兵衛さん、3代目は父為治郎さん。商標は「廣田勘兵衛」。三木市福井

大原木工所の鑿柄

伝統支える〝木工のプロ〟

作業場に一歩足を踏み入れた。漂ってくる木くずの香りは複雑だ。赤樫《あかがし》、グミ、黒檀《こくたん》…。至るところに、さまざまな種類の木が所狭しと積み上げられている。すべて、鑿《のみ》の柄に使用する木材だ。三木金物、鑿の伝統は、最高級の刃を生み出す鍛冶《かじ》屋のみならず、柄を手掛ける〝木工のプロ〟が支えてきたことを忘れてはならない。

大原木工所の2代目、大原強さん(65)は、50年近く、鑿柄作りに励んできた。鑿柄職人の仕事は、木材を削り、穴を開け、鑿鍛冶が作り出した刃をつなぎ合わせて鑿を完成させることだ。

鑿柄職人は、あくまで下職だ。基本的に、鑿鍛冶が刃を持ってくるまでは仕事に取りかかれない。だが「鑿を仕上げるのは自分」という自負がある。「鑿鍛冶と鑿柄職人は夫婦のような関係。どれだけ良い刃でも、柄がしっかりせず、きちんとつなぎ合わされていないと使い物にならない」

多様な種類の木が柄に使われる。柄に最適の木は淡い黄色が目を引くグミだ（左から6本目）

刃と柄のつなぎは鑿の命だ。成形した柄に、工作機械のドリルで、刃を差し込むための穴をうがつ。この穴の深さと堅さ(大きさ)が完成度を大きく左右する。堅すぎれば、使用時にすぐ柄にひびが入ってしまう。刃にゆがみがあれば、錐《きり》で穴の角度を微調整する。長年の経験と勘なしではできない仕業だ。

20年ほど前から大工道具の需要が減り、柄の製作を兼ねる鑿鍛冶が増えた。注文は年々、先細りになっている。だが、辞めようとは思わない。自分を頼りに、刃を託してくれる鑿鍛冶がいる限り。

(藤森恵一郎　2010/3/14)

仕上げ作業。槌で柄頭を打ち、刃と柄をつなぎ合わせる=いずれも三木市芝町

▼大原木工所
故大原正夫さんが創業。強さんは、正夫さんの後継者として、23歳で養子に入る。物静かだが、仕事に厳しい正夫さんの元で腕を磨く。昭和40年代まで、ろくろを使い製作。現在は工程の大半に機械が導入されている。三木市芝町

久保田工業のミュージカルソー

技と経験で「音色」追求

ぽわわ～ん、と響く音色。余韻がいつまでも耳に残る。のこぎりバイオリンとも呼ばれる「ミュージカルソー」。形は洋鋸《のこ》そのものだが、歯は目立てがされていない。足の間に挟み、弓を当てて弾く。

「荒城の月」「イエスタデイ」――。独特の高音が奏でるメロディーは哀愁を感じさせ、横山ホットブラザーズの「おまえはあ～ほ～か」の芸に代表されるように、演奏の仕方次第で笑いも誘う。

久保田工業が手掛けるきっかけになったのは、10年前の金物まつり。社長の久保田義孝さん(68)が、ミュージカルソーの世界大会で優勝経験のあるサキタハヂメさんの演奏を聴いたことだった。「楽器」として織りなす調べに、久保田さんは「のこぎりでこんな素晴らしい曲が弾けるのかと驚いた。魅了された」。

サキタさんに声をかけ、助言を得ながら開発を始めた。長年追求してきた「切れ味」は必要ない。楽器としての音にこだわり、通常の洋鋸より0・1ミリ単位で薄くし、硬い材料を使った。

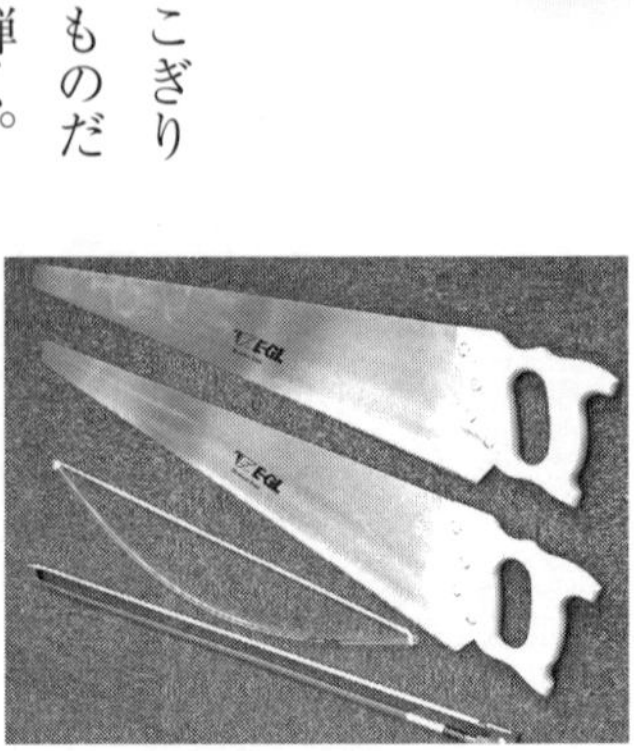

久保田工業製造の
ミュージカルソー

2007年からはプロ奏者のソーヤー谷村さんの専用モデルを作り一般販売も始めた。

材料を数百キロ単位で仕入れるため、採算は度外視。原点にはいつも、金物まつりでほれ込んだ調べがある。

米国製を使うサキタさんが気に入る品は、まだできていない。大きさや硬さなどすべて同じにしても微妙に音が違うという。「サキタ君の納得いくものを作ることが目標」と久保田さん。培ってきた三木金物の技術と経験で、「音色」を追い求める。

（斉藤正志　2010／4／10）

ミュージカルソーを弾く久保田義孝社長。左手でのこぎりをS字にしならせるのがコツ＝いずれも三木市末広

▼久保田工業

1915（大正4）年創業。久保田義孝さんで3代目。園芸用のこぎりなどを手掛ける。三木市末広。ミュージカルソーはソーヤー谷村さんを通じ販売している（弓などセットで2万円）。谷村さんTEL03・3885・7367（久保田工業廃業のため他社製になる）

小阪鏝製作所の鏝

絶妙なしなり20年追求

「フレッシュ鏝《まん》（フレッシュマン）」というユニークな名が付けられた左官鏝《こて》。壁に押し当てると、薄さ0・3ミリのステンレス板の先端が、よどみなくしなる。この一見、何の変哲もないカーブこそ、長年、本職用左官鏝を手掛けてきた、小阪鏝製作所の約20年に及ぶ努力の成果だ。

壁に塗る材料が、土からモルタル、ケイ藻土《そうど》などと変化し、鏝は薄く改良されたものが作り出されてきた。同製作所専務の小阪光宏さん(48)は「土壁のように、力を込めてぐいぐいと圧着させるような仕事から、薄く、均等に延ばす作業が多くなったから」と理由を話す。

壁を滑らせる時にできる適度なたわみは「左官が施工をより楽に、よりきれいに仕上げるために重要な要素」。左官は、このたわみをうまく利用し、自身の体の一部のように、繊細な感覚で鏝を動かす。

鏝板の上部に接着する「背金《せがね》」と呼ばれる、鋼製の部品の厚みや大きさ、形状が、しなりの良

背金を研磨する小阪さん

しあしを決める。一見、ただの薄っぺらい部品だが、よく見ると中央から端にかけて徐々に削られている。鏝板の先端だけをしならせるための加工で、小阪さんら職人の技がここに凝縮する。

軟らかすぎず、硬すぎず。きれいな弧を描いてしなる鏝には、左官への感謝が詰まる。「左官からたくさんのアドバイスを受けてここまでたどり着いた」。鏝を見詰める小阪さんの目には、その製品名にふさわしい、前を見据えた、情熱的な輝きがあった。

（藤森恵一郎　２０１０／４／25）

絶妙なしなりを求め、作り上げた鏝「フレッシュ鏝」を手にする小阪光宏さん＝いずれも三木市別所町巴

▼小阪鏝製作所

3代目で、現代表の小阪登茂さんの祖父、宇市さんが大正10年ごろ創業。昭和初期から、本職用の左官鏝を中心に製造する。登録商標は「ヤマウ」印。「フレッシュ鏝」を主力製品とし、約５００種類の鏝を手掛ける。三木市別所町巴

三木刃物製作所の包丁

客の要望に応え60種類

畳、菓子、スイカ、鱧《はも》—。すべて「包丁」の2文字の前に付き、専用に切る対象を示す単語だ。長方形、半円形など形も多彩。三徳型や牛刀型など家庭でも使うおなじみのものも含め、手掛ける種類は約60に上る。三木刃物製作所社長の竹川誠一さん(61)は「大きさや素材を考え合わせると数百はある」。

1935(昭和10)年の創業から、主力製品は一貫して包丁。堺市の和包丁職人を迎えて手掛け始め、専用の借家を借りて10人近く抱えていた時代もあったという。

ペティナイフなどの贈答用、柳刃包丁といった料理人用、めん切り、豆腐切りなど特殊な職人用—。当初は十数種類ほどだったのが、用途や素材など客の要望に応えるうちに次第に増え、75年の歳月を経て現在の数になった。豊富な品ぞろえは長い歴史を物語る。

ひずみを取る作業。ほかの主な製造工程は外部の専属職人が担う

竹川さんが社長になってからも、体の不自由な人のため、柄を支点にてこの原理で切ることが

できる福祉用品も作った。開発に当たっては、製造を請け負う鍛造と研ぎの専属職人と相談を重ねる。「独自に開発しているというよりも、やっぱりお客さんの声があるから作ることができる。要望に応えたいという気持ちが1番」と竹川さん。中には、年に数件しか注文がない種類もあるが、依頼があれば引き受ける。
「よく切れて買ってよかったよ、とかお客さんに喜んでもらえるのがうれしい」。使う人の気持ちに応えるため、手間を惜しむつもりはない。

（斉藤正志　2010／5／16）

めん切り包丁などを持つ竹川誠一社長。手掛ける製品は多種多様だ=いずれも三木市芝町

▼三木刃物製作所
竹川誠一さんが3代目。初代は祖父幾次さん、2代目は父弘一さん。1976（昭和51）年に法人化し、株式会社になった。各種包丁のほか、帯のこの刃先保護カバーなども手掛けている。三木市芝町

大内鑿製作所の鑿

楽器店から異色の転身

家業を継ぐ気はさらさらなかった。高校でヘビーメタルに魅せられ、専門学校ではエレキギターを製作。社会に出てからも夜な夜な大阪でバンド活動。20代半ばからはバイクにはまった。「自分でもありえないと思う。今こうして鑿《のみ》を作っていることが」。大内俊明さん（42）は、金物業界で異色の経歴をもつ鍛冶《かじ》屋だ。

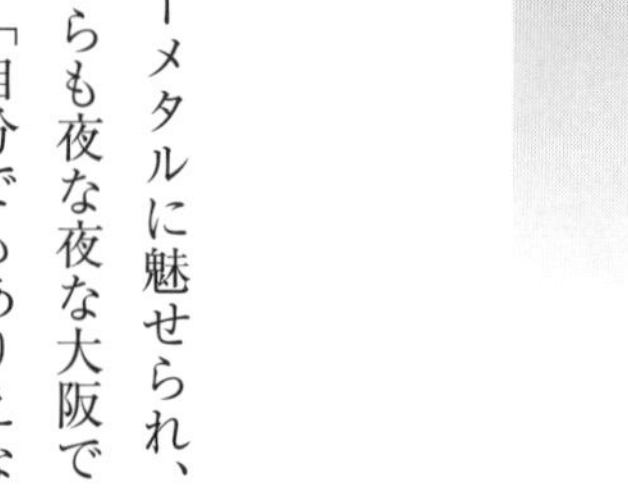
3代目光明さんの銘「宗家大内」が入る鑿

大阪市内の楽器店に勤め、20歳で実家に戻った。父の光明さん（82）が鍛造した鑿を研磨する作業を担うが、あくまで「アルバイト感覚」。趣味に走り、鑿をまともに眼中に入れたことはなかった。

だが、転機は訪れた。バイクの座席の背もたれを作るために、家にある丸棒を加工した。苦労の末、完成させたが、力を加えると、もろくも折れた。父に尋ねると、丸棒が鋼だったことが原因と判明。「この時ですね。金属に興味が出たのは」

徐々に仕事に本腰を入れ、父の作業手順や鍛造の温度管理などを注視し始めた。専門学校時代やバイク改造の経験は、図らずも仕事に生きた。そして、3年前。4代目となる意志を固めた。以来、手掛ける鑿は、すべて寸法や種類などをパソコンの表計算ソフトに入力。蓄積した数値を基に新しい鑿を作り、さらにデータを更新していく。「経験や勘のみに頼れば、必ず誤差が出る」との信条からだ。

「職人から『前と変わったな』と言われる鑿を作りたい」。業界の異端児は、そのまなざしに誇り高い職人特有の光をたたえ、今、まっすぐに父の背中を見据えている。

（藤森恵一郎　2010／5／30）

異色の経歴を糧に、日々精進を続ける大内俊明さん=いずれも三木市福井

▼大内鑿製作所
故大内光太郎氏が1890年ごろ創業。約120年間、本職用鑿を製作し続ける。3代目光明さんの銘は「宗家大内」。俊明さんの弟は、大相撲元幕内の皇司、若藤親方（本名・信英）。三木市福井

三木木工所の手鈎

「漁業者の手」ひと筋に

えらに引っかけて魚をより分け、何百キロもあるマグロも動かす。東京の築地市場などのニュース映像にもよく映り込む。手鈎《かぎ》はいわば漁業者の〝手〟。直接魚に手で触れて、鮮度を下げてしまうのを防ぐ役割もある。細長い木の先端には曲がった金属のつめを備え、グリップは持ちやすいように丸みを帯びている。

三木木工所は創業から手鈎ひと筋。社長の大西幸雄さん(57)には「専門でやっているのは全国でもうちだけ」という自負がある。1本を製造するのにかかる日数は、短くても2年。高級な鉋《かんな》台にも使われる直方体の樫《かし》材を仕入れると、まずは半年、何もせずに寝かせる。数種類の機械で少しずつ削って細くした後は、また数カ月間乾かし、完成後も出荷までに時間をおく。

湿気を完全に抜き、出荷後の変形を防ぐために大切な工程だ。大西さんは「木は切っても生きて呼吸している。木は寝かしの勝負」と言い切る。何年も先の売れ行きをにらんで材料調達する

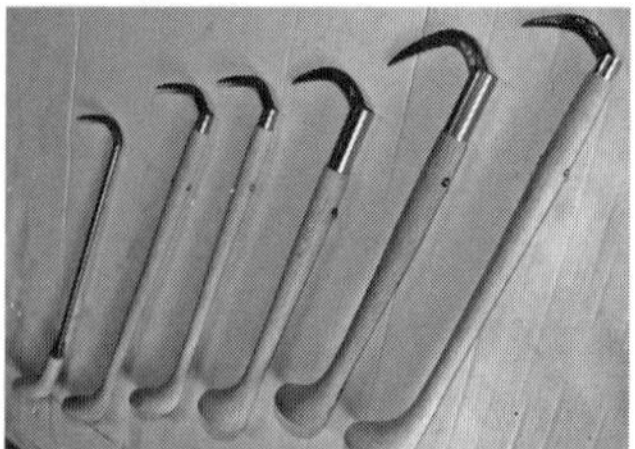

手鈎の完成品。用途に応じ長さや大きさが違う

ため、予想できない要素により在庫を抱え込むことにもつながりかねない。2008年の原油高では、廃業する漁業者が増えないか、気が気でなかったという。

それでも製造に長期間かけるのは、「ここの手鈎なら長く使っても曲がらない」と言われたいから。「専門でやっているんで、よその商品よりあかんとは言われたくない。負けたくないという気持ちだけ」。船上や漁港で、きょうも大西さんの自信作が活躍する。

（斉藤正志　2010／6／13）

ろくろを回し、鑿（のみ）で樫材を細く削る大西幸雄さん＝いずれも三木市別所町小林

▼三木木工所
1955年に大西建治さん（故人）が創業。息子の幸雄さんが後を継いだ。鮪（まぐろ）鈎、唐津鈎、ステンレス手鈎など手掛ける種類は多数。魚を絞めるときに使う〆（しめ）鈎、製氷業者用の氷鈎などもある。三木市別所町小林

愛宕山工業の鍛冶屋鉄板

「残材」でアイデア商品

戦前まで、三木金物の鍛冶《かじ》が好んで食べたとされる、タコとナスを煮込んだ鍛冶屋鍋。道の駅みき(三木市福井)のレストランでは、その郷土料理を基に開発した「鍛冶屋カレー」と「鍛冶屋カツ鍋」が味わえる。料理もさることながら、注目すべきは器。食材をぐつぐつと煮たてる鉄鍋だ。

手掛けるのは、市内の多くの鍛冶屋に鋼材を卸す「愛宕山工業」。卸売りだけではなく、各種の加工分野にも力を入れる。だが、メーカーではない同社が、なぜ自社商品を開発するに至ったのか。

きっかけは、市観光協会の提案だった。製鋼所などから仕入れた鉄板を切断加工すると「残材」と呼ばれる切れ端が残る。これを有効利用し、大工道具などとは違った、新しい商品を作れないか。

形状や厚さなどを試行錯誤した末、10年ほど前、「鍛冶屋鉄板」を開発した。一般の市販製品の厚さが、2、3ミリであるのに対し、鍛冶屋鉄板は6ミリ。レストランの新海善幸店長(44)は

一回り小さい「鍛冶屋小鍋」で作られた「鍛冶屋カレー」(手前)と「鍛冶屋カツ鍋」=道の駅みき

「1番の特長は冷めにくいこと。熱々が長続きする」と保温性を評価する。

また、同社は「調理中に体に吸収されやすい二価鉄が溶出し、鉄分をうまく摂取することができる」と、健康面での魅力もアピールしている。

市外では、大阪府門真市の焼肉店などが、これらの特長に注目し、使用しているという。「商品を持つとやはり楽しい」と、PRに力を入れる取締役の河原秀行さん(38)。全国各地の居酒屋で、わが鉄板に熱々の料理が乗せられる日を期する。


(藤森恵一郎　2010/6/27)

観光協会の提案を受け、鍛冶屋鉄板を開発した、河原和生社長=三木市本町

▼愛宕山工業
河原和生社長の祖父、故太十郎氏が1907年、手引鋸の製造を開始。50年、愛宕山工業(株)を設立し、翌年から鋼材と輸出金物製造販売部門を設置。鍛冶屋鉄板は、アウトドア用のワイドサイズなど7種類。三木市本町

宮本製作所の折り込み式ナイフ

伝統復権を目指し考案

「剣聖宮本武蔵」の刻印がきらりと輝く。1932(昭和7)年の創業から折り込み式ナイフを手掛ける宮本製作所のブランドだ。商標使用権を持つ組合を離れているため「肥後守」の名は使えないが、3代目の宮本博文さん(47)は、三木で生まれた全国にも通用するナイフの伝統を強く意識する。

「高齢者には愛着が、若者には新鮮さがある。三木金物を象徴するものの一つ。守り続けて、もっと発展させたい」

60年の浅沼稲次郎・社会党委員長刺殺事件をきっかけに、刃物を持たせない運動が起こった。影響を受けて同業者が次々と廃業する中、鏝《こて》に主力製品を替えながらも、製造をやめずに続けてきた。

21年前に博文さんが父の博介さん(79)の下で働きだしてからは、新たなアイデアも取り入れた。さやが金色の真鍮《しんちゅう》タイプや赤褐色の銅板タイプを始めるなど、デザインにもこだわり、海外

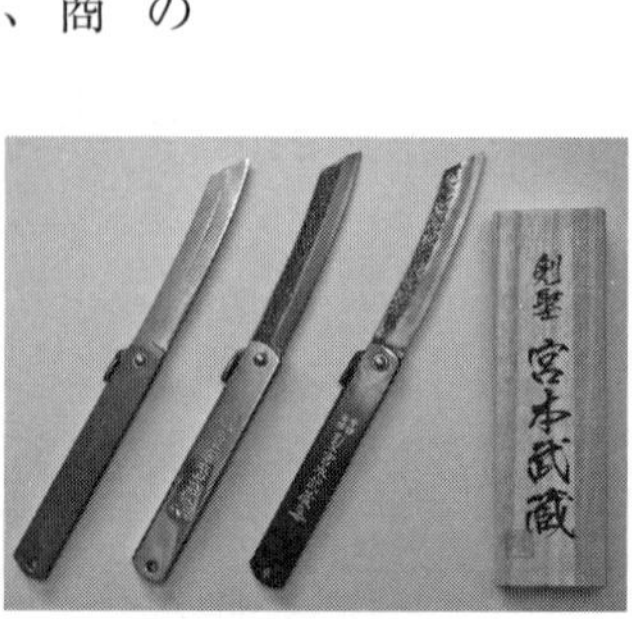

「剣聖宮本武蔵」ブランドの折り込み式ナイフ

でも販売されるようになった。昨年秋には刃の裏面が平らな片刃タイプを考案。表裏どちらに返しても使える両刃《もろは》と違って利便性には劣るが、切れ味よく真っすぐに切れるプロ使用の小刀に近づけた。

刃物を使った事件が起きるたび、風当たりは強くなる。しかし一方で、金物まつりでは毎年のように、小学生の子どもにナイフを選ばせて買ってあげる親にも出会う。「刃物をちゃんと使わせて教えようとしてくれるのがうれしい」と博文さん。いつか折り込み式ナイフが「復権」する日まで、挑戦はやめない。

（斉藤正志　2010／7／11）

折り込み式ナイフのひずみを取る作業をする宮本博文さん=いずれも三木市平田

▼宮本製作所
宮本博文さんの祖父三郎さん（故人）が創業。博介さんが2代目。1960年に商標登録した「剣聖宮本武蔵」の名称で、7種類の折り込み式ナイフを手掛けている。ほかにレンガ鏝など左官用鏝を製造する。三木市平田

中橋製作所の小林式角のみ

世界標準　20カ国に輸出

「ジャパニーズ・パターン」。国内の大工・建具用角《かく》のみ市場をほぼ独占する中橋製作所の「小林式角のみ」は、世界約20か国に輸出され、角のみ発祥の英国でこう呼ばれる。同社が創業時に独自開発した仕様は、今や広く世界標準として普及している。

角のみは、錐《きり》と鑿《のみ》が1組になった道具で、専用の工作機械に取り付けて使用する。木を切削して四角い穴をうがつと同時に、木くずを排出。建築や家具の木材加工で広く使われている。英製のいわゆる「イングリッシュ・パターン」の角のみは、刃が2枚あり、木くずを排出するらせん状の溝も2本。これに対し、創業者の故中橋久正氏は、1枚刃・1条溝構造の角のみを開発。格段に性能を向上させた。かつては、輸出国のほとんどで英国式が主流だったが、現在では同社のシェアが逆転しているという。

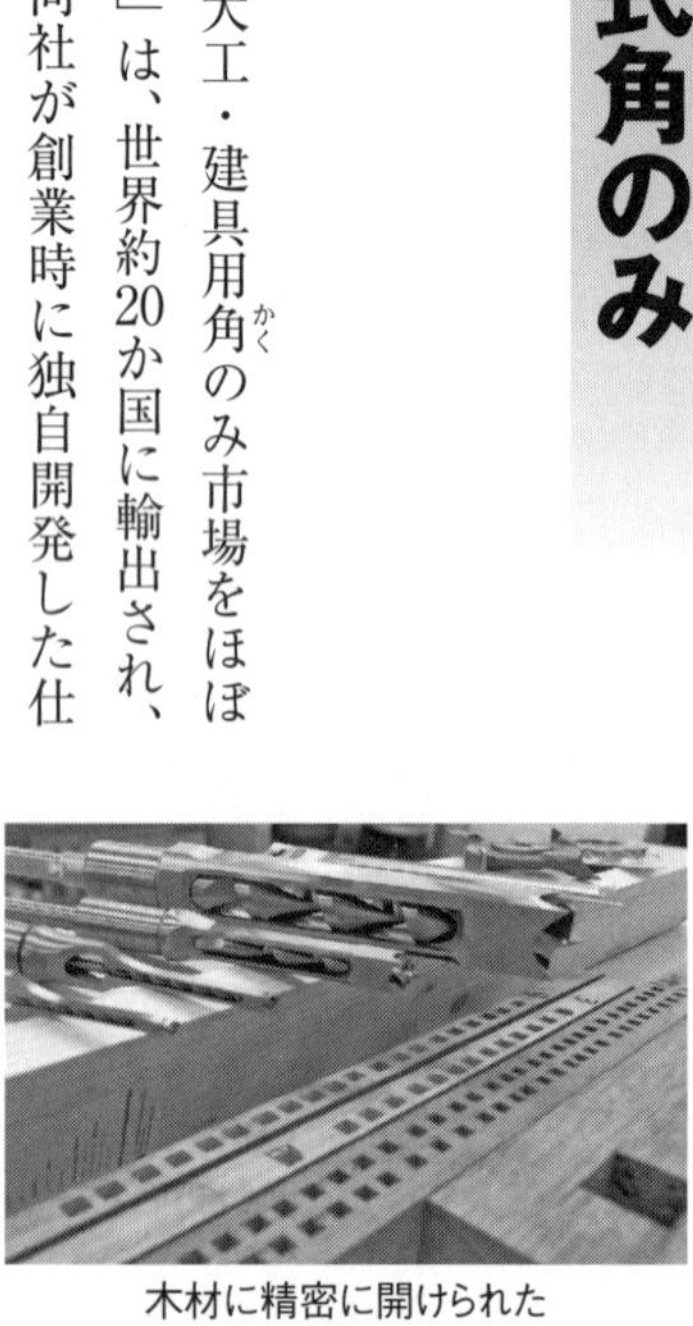
木材に精密に開けられた穴(手前)と製品

中国には、まだ輸出していないにもかかわらず、すでに同社製品の形状やパッケージをまねたコピーが出回っている。中橋正史取締役(52)が中国へ出張した際、同社の類似品を製造し、「小林式角のみ」という商標も無断使用していた企業の関係者にこれをとがめると、「この商標を一般名詞と勘違いしていた」と弁解したという逸話もある。この製品が流通している証しだ。

目指すは、世界ナンバーワンシェア。中国など新興国への輸出に力を入れる。三木から世界へ。あくなき挑戦をグローバルに繰り広げる。

(藤森恵一郎 2010/8/15)

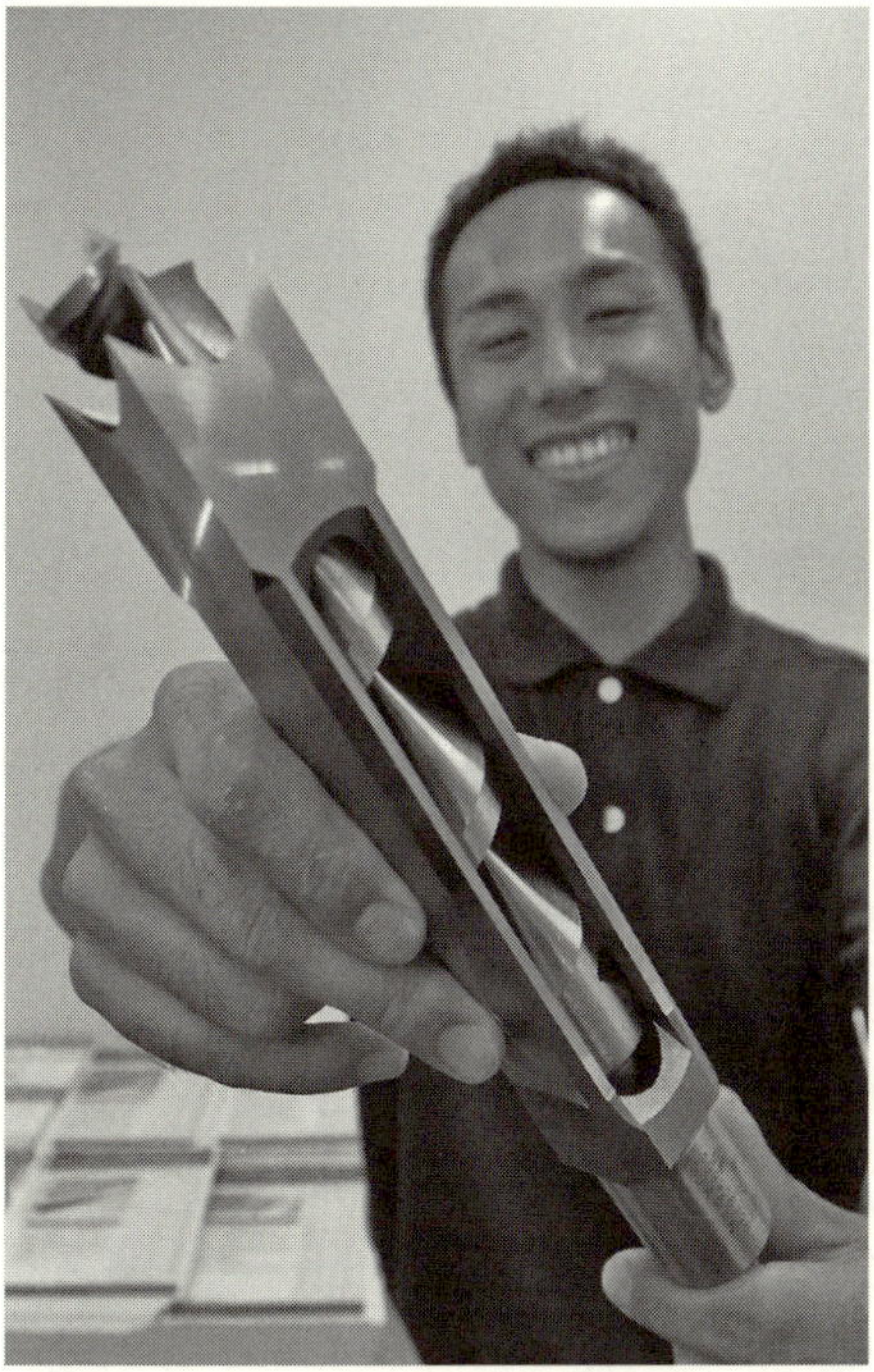

「ナンバーワンにこだわりたい」と力強く話し、「小林式角のみ」をPRする中橋久行専務取締役=いずれも三木市別所町高木

▼中橋製作所

中橋久史代表の父、故久正氏が1955年創業、小林式角のみの製造を開始。製品名の由来は、久正氏が、小林ギムネ製作所の創業者から、角のみ製造を提言されたことから。かんな刃なども手掛ける。

三木市別所町高木

長原光男包丁製造所の包丁研ぎ

堺職人の血　腕磨き続け

鍛冶《かじ》職人から受け取った鍛造《たんぞう》品は、赤茶けて刃がついていない。指先でミリ単位の厚さを感じ、切れ味を生み出す研師の業は、いわば包丁に〝命〟を吹き込む作業だ。

父は堺市の和包丁職人。当地には自身も3歳まで暮らした。包丁専門の研師、長原光男さん(74)には、多くの料理人の支持を受ける「堺職人」の血が流れている。

各地の包丁製造会社に重宝される父に付き添って転々と住居を替え、仕事を手伝い始めたのは、島根県にいた12歳のとき。中学1年生だった。19歳で三木市の三木刃物製作所の専属職人に。一通りの仕事ができるようになり、安定した生活もあったが、34歳で高知県須崎市の和包丁専門の会社に修行に出た。

「職人はいいものをつくれないと生き残れない。自分の腕をもっと磨きたかった」。現状に満足せず、自らの技術を高めるための決断だった。2年後、三木に戻り工場を構えて独立。同製作所

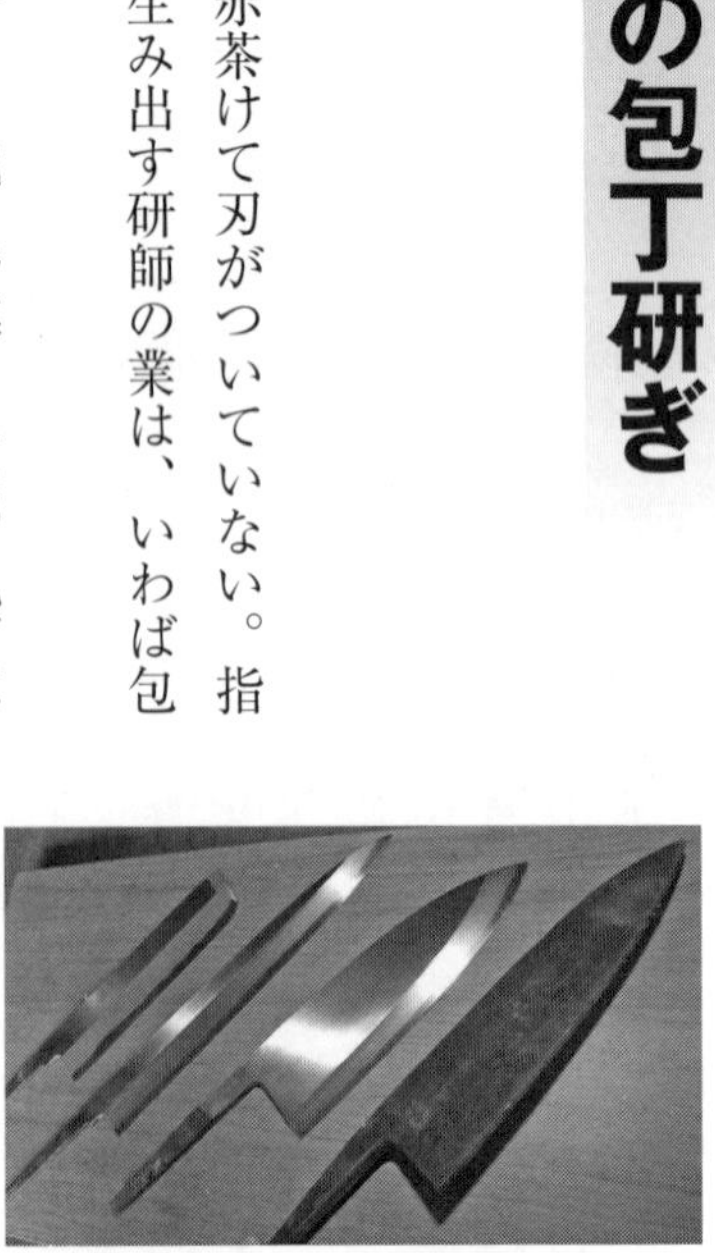

鍛造包丁(右)と研磨後の包丁。
研ぐ前は刃がついていない

などから、鋼と鉄を張り合わせた鍛造包丁を受け取り、水研機などを使って研いでいる。

鋼にもさまざまな種類があるが、研磨時の火花を見るだけで素材が分かる。焼き入れなど、鍛冶職人の腕の良さを感じると称賛の電話をかける。「研師は研いでいるものが、どの程度のものか、感知できないといけない」というのが持論だ。

「プロの料理人の包丁は、切れ味だけでなく全体のバランスも大切。難しい仕事があるほど挑戦できるのが面白い。研ぐのが好きなんです」。仕事を始めて55年になる熟練職人は、少年のように愛着を口にした。


（斉藤正志　2010／8／29）

包丁を研ぐ長原光男さん。指先でミリ単位の厚さを調整する＝いずれも三木市芝町

▼長原光男包丁製造所
長原さんが1973年に三木市宿原で設立。93年に芝町に移った。長原さんは2009年に三木市技能顕功賞を受けた。三木工業協同組合の組合員を対象にした包丁研ぎ講座で、講師も務めている。

スターエムのギムネ

「穴開け」追求して87年

一説に、カクテルのギムレットは、その突き刺すような鋭い味が、英語のｇｉｍｌｅｔ（木工錐《きり》）になぞらえられて命名されたそうだ。現在、日本で木工用ドリルを指す「ギムネ」もこの語に由来する。スターエム（小林寛代表）は、このギムネによる穴開けを87年間追求し続けてきた。

創業者の故小林元二氏は、明治維新後に輸入されたこの工具に着目。それまで日本の建築は、鑿《のみ》で木材に角穴を開け、組み立てるのが普通だった。だが、ギムネの輸入で丸穴を開ける論理を学んだ同氏は、需要の増加を見越し、叔父と自宅裏でギムネの製造を始めた。

当時から培われてきた職人技は、機械化が進んだ現在も欠かすことができない。工場内に並んだ数々のロボットが成形したギムネの画竜点睛を担えるのは、熟練された職人の手だけだ。繊細に、しかし速く的確にやすりで刃を研ぐ。垣原邦雄常務取締役は「この仕上げがあるから、切れ味の良いギムネができるんです」と胸を張る。

規格品80種類、600サイズ。特注品約500品目。顧客のニーズに合わせ、多くのギムネを生み出してきた

2000年代に入ると、安価な中国製品の輸入に加え、05年の耐震偽装問題、08年のリーマンショックで住宅着工が激減、受注は頭打ちとなり苦境を迎えた。

しかし、直径2ミリから60センチまで、大小さまざまな穴開け技術を追求してきた同社は、新製品を毎年世に送り出し、チャレンジ精神を忘れない。「これからは新分野への進出と海外取引先のさらなる開拓」と垣原常務。創業100周年に向かって、老舗企業は活気づいている。

（藤森恵一郎　2010／9／12）

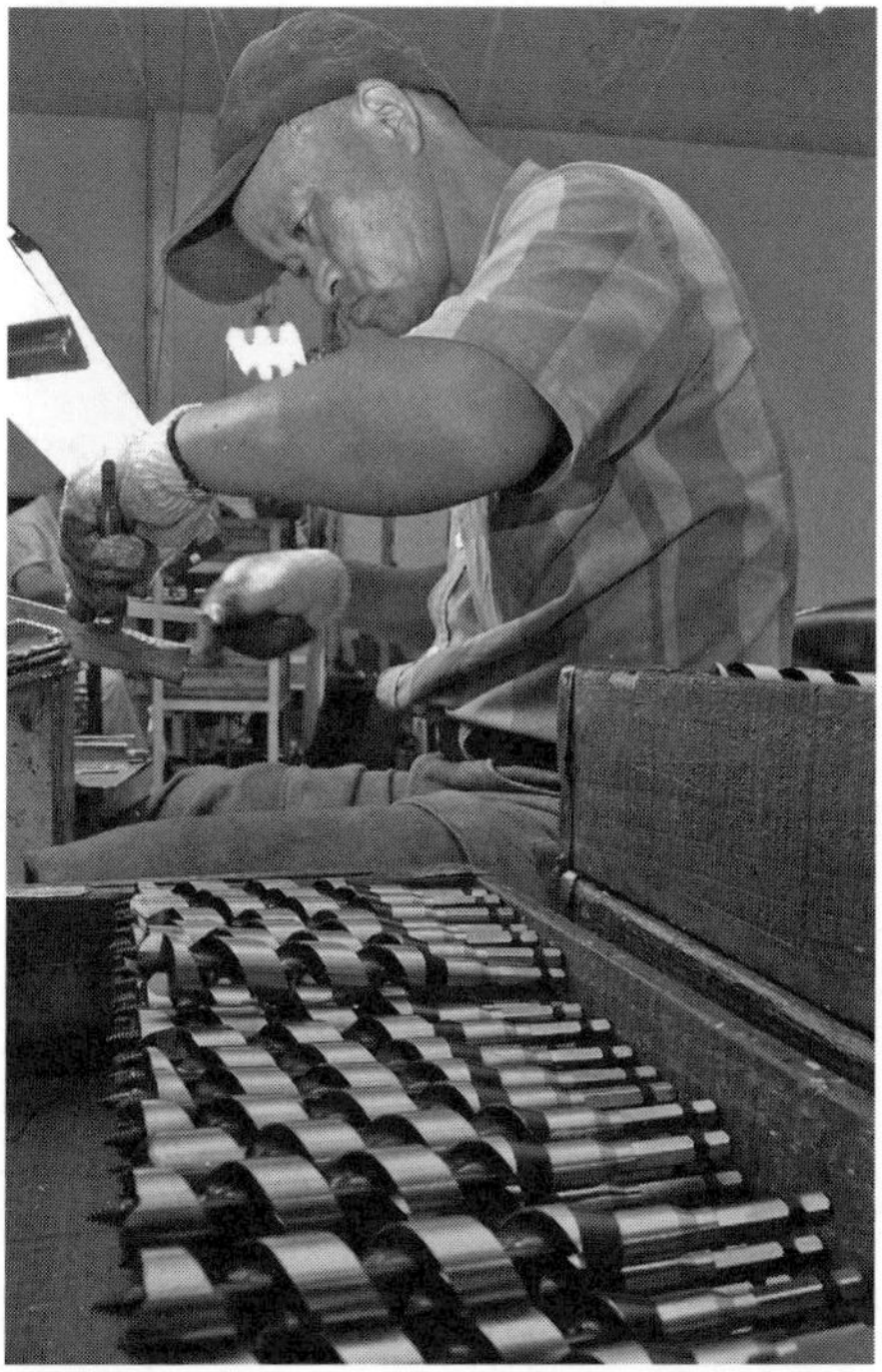

切れ味良いギムネを生み出す生命線、仕上げ作業に集中する従業員＝いずれも三木市別所町東這田

▼スターエム

1923年創業。50年小林ギムネ製作所に改名、法人に。2009年関連会社を同製作所に統合し、スターエムと改名。ギムネの製造技術を生かし、搬送・機械部品など新たな分野への進出も図っている。三木市別所町東這田

仲鋸製作所の園芸用鋸

親子の歴史刻む仕事場

天井を見上げれば、すすだらけの梁《はり》が目に入った。幾種類もの用具や機械が所狭しと並び、柱には温度計と電話帳が掛かる。雨が降り出すと、屋根をたたく雨音で会話が聞こえなくなった。

仲鋸《のこぎり》製作所の創業者、仲真治さん（故人）が60年以上前に建て、長男の一真さん（68）とともに、親子で園芸用や山林用鋸を作り続けてきた仕事場だ。広さ約130平方メートル。大学の教授が職人の働く現場を学ばせるため、学生とともに見学に訪れたこともあるという。

夏の室温は35度まで上がり、冬は1度まで落ちるが、20歳から仕事を始めた一真さんは「家にいるよりも、ここにいた方が落ち着くんです」。替え刃が可能な長さ30センチほどの剪定《せんてい》鋸など、新たな発想も一真さんがこの場所で生み出した。

若いころは作った製品が飛ぶように売れ、仕事場を建て替えて人を雇うことを考えたこともあ

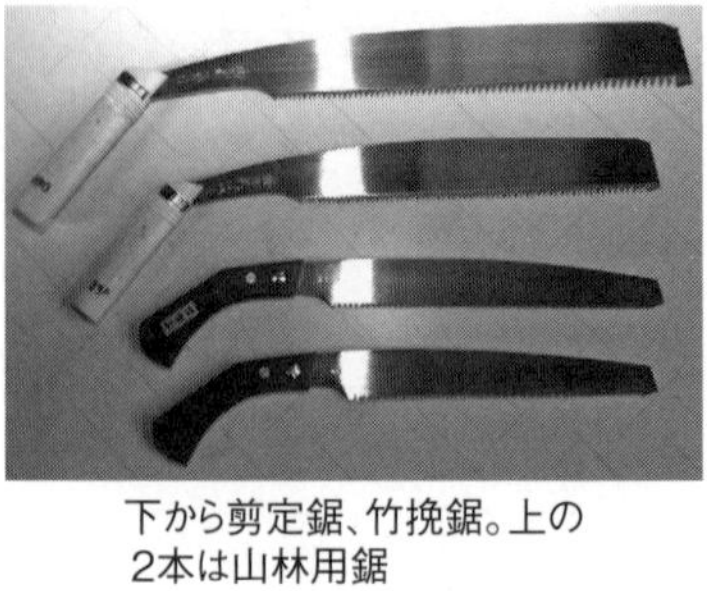

下から剪定鋸、竹挽鋸。上の2本は山林用鋸

った。しかし「自分の土俵は自分で知らんとあかん」と手を広げなかった。40代のころは逆に売れないときがあり、新製品を作っては問屋を営業して回ったこともあった。

いつの時代にも変わらなかったのは、こつこつと技術を磨いてきたこと。すすのこびりついた仕事場には、鋸の新たな可能性を考え続けてきた仲さん親子の歴史が詰まっている。

「頑張ってもさぼっても、その分自分に返ってくる。いいときもあれば、悪いときも必ずある。この年齢まで仕事ができるのはありがたいことです」。一真さんは控えめにほほ笑みながら、仕事場を見やった。

（斉藤正志　2010／9／26）

ひずみを取る作業をする仲一真さん。焼き入れから柄付け、銘切りまですべて1人でこなす＝いずれも三木市別所町高木

▼仲鋸製作所
故仲真治さんが戦後に立ち上げ、長男の一真さんが2代目。創業当初は山林用鋸が主力製品だったが、現在は主に剪定鋸や竹挽(たけびき)鋸などを手掛けている。一真さんは鋸の伝統工芸士。三木市別所町高木

伝統工芸士

業界の行く末案じる匠

「伝統工芸士」と呼ばれる鍛冶《かじ》がいる。４００年以上前から代々受け継がれてきた技を研さんし、三木金物の発展に貢献してきた気高き匠《たくみ》。だが、後継者不足という深刻な問題の解決に、有効な手だてを見つけられないまま、男たちには今、高齢化の波が押し寄せている。

伝統工芸士は、財団法人伝統的工芸品産業振興協会（伝産協会）が認定する称号。１９７５年に始められ、２０１０年２月現在で全国に４５６８人。主な役割は、伝統技術の次代への継承、後継者の確保・育成だ。

「播州三木打刃物」（鋸《のこ》・鑿《のみ》・鉋《かんな》・鏝《こて》・小刀）は96年に通産大臣から伝統的工芸品の指定を受け、98年2月、記念すべき13人の伝統工芸士が誕生した。最多で23人いた時期もあったが、高齢化による廃業、死去などから減り、現在は17人。その平均年齢は73歳。匠は仕

伝統工芸士17人が手掛けた名品

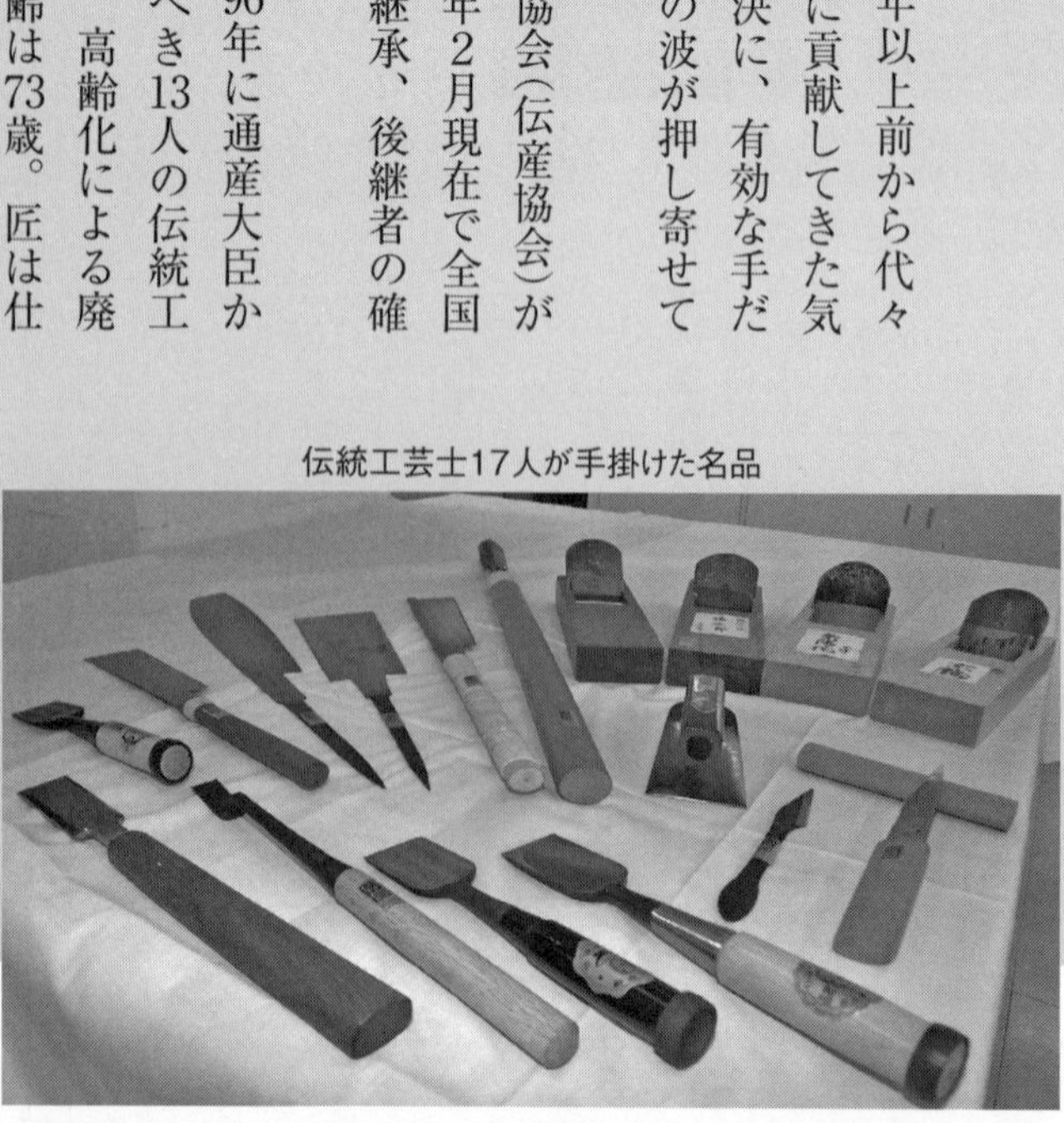

事の傍ら、後継者問題などの解消に向け、三木金物のＰＲや地域交流などの活動に努めている。

だが、その成果がなかなか出ていないのが実情だ。「熟練の技術を持ち、全国共通の試験に合格した貴重な人材だということをもっと知ってもらう必要がある」。三木工業協同組合は、伝統工芸士に対する市民の認知不足を課題に挙げる。

「自分たちがもっと存在感を示せれば」。三木の伝統工芸士会会長、宮脇正孝さん（77）は唇をかむ。三木金物の歴史を切り開いてきた男たちは、強い責任感とともに、業界の行く末を案じている。

（藤森恵一郎　２０１０／10／31）

播州三木打刃物の伝統工芸士たち
＝いずれも三木市上の丸町

▼伝統工芸士
京都の西陣織、佐賀の有田焼など、経産大臣が指定する伝統的工芸品の製造に従事し、12年以上の実務経験があることが取得の条件。知識・実技試験がある。２０１０年2月現在、兵庫では三木金物を始め「播州そろばん」「播州毛鉤（けばり）」などに57人いる。

三木金物まつり

業界振興、地域の発展に

トンテンカンテン──。はかま姿の職人たちが、昔ながらの古式鍛錬で鎚《つち》の音を響かせる。毎年11月の第1土・日曜に開かれる祭典は、業界の発展を祈る金物神社での「ふいご祭」で幕を開ける。

三木市内の業者が一堂に会する「三木金物まつり」は、市役所周辺を伝統産業の色で染める。客が品物を手に職人と話し込む。特徴や使い方を聞き、実際に使ってみる。「久しぶりやなあ」。毎年訪れる客との再会を喜ぶ声も聞こえる。

職人にとっては「道具の使い手と直接交流できる貴重な機会」と意気込んで迎える一大行事。その歴史は1952(昭和27)年までさかのぼる。「三木金物見本市」の名称で始まり、会場は三樹小学校の講堂。当時は卸商や小売店が対象で、全国各地から452人を招待したという。大卒の国家公務員の初任給が8千円に満たない時代に、150万円を投じ、5日間にわたって開かれた。

(右)業界の発展を祈る「ふいご祭」。御番鍛冶(かじ)が古式鍛錬を披露した=金物神社　(左)来場者でにぎわう会場には、所狭しと人が行き交った=ふれあい広場

逸品を求める客が詰めかけた展示直売会。職人自らが道具の特徴を説明する＝勤労者体育センター

84（同59）年に現在の名前に。２０１０年で54回目を数えた祭典は、「金物のまち三木」を定着させ、広くアピールすることに大きく寄与してきた。86年からは農業祭や文化団体の催しも同時に開き始め、金物を中心とした「市民祭」の位置付けになった。毎年この日に向けて、準備や練習を重ねる人は少なくない。

今年も飲食店やフリーマーケットなどが並び、ステージではダンスなどを披露。会場周辺は、所狭しと人が行き交った。

三木商工会議所の前田君司会頭（62）は言う。「業界の発展のため、地域の発展のため大事な行事。これからも永く守り続けたい」

（斉藤正志　２０１０／11／７）

宮脇正孝鑿製作所の鑿

名家の伝統　槌に込めて

宮脇家は江戸時代から続く鑿《のみ》の名家だ。三木工業協同組合によると、三木金物の鑿鍛冶《かじ》の系譜をたどると、多くが同家に連なる。現当主は5代目の宮脇正孝さん＝三木市大塚2。77歳となった今も連日、作業場に鳴り響かせる槌音《つち》には、脈々たる伝統の響きがこもる。

5人きょうだいの次男として誕生。学生時代には、父親の家業を手伝い始めた。見習いの10代は、グラインダー（研削盤）で刃を研磨する作業を積んだ。真冬は寒さで手がかじかむ。未熟なため、高速回転する砥石《といし》車に何度も指が触れてしまい「包丁で大根を切るように」肉片が削れ、血が噴き出た。それでも、包帯を巻き、休むことなく、泣きながら仕事に打ち込んだ。「はよ一人前にならな。その一心やったんやろね」

鉄鋼を高温に熱した後、急冷することで硬さを増す熱処理「焼き入れ」。宮脇さんは古くから伝わる「炭焼き」で行う。この工程で、刃の裏側を黒く色付け「黒裏《くろうら》」と呼ばれる美麗な刃に仕

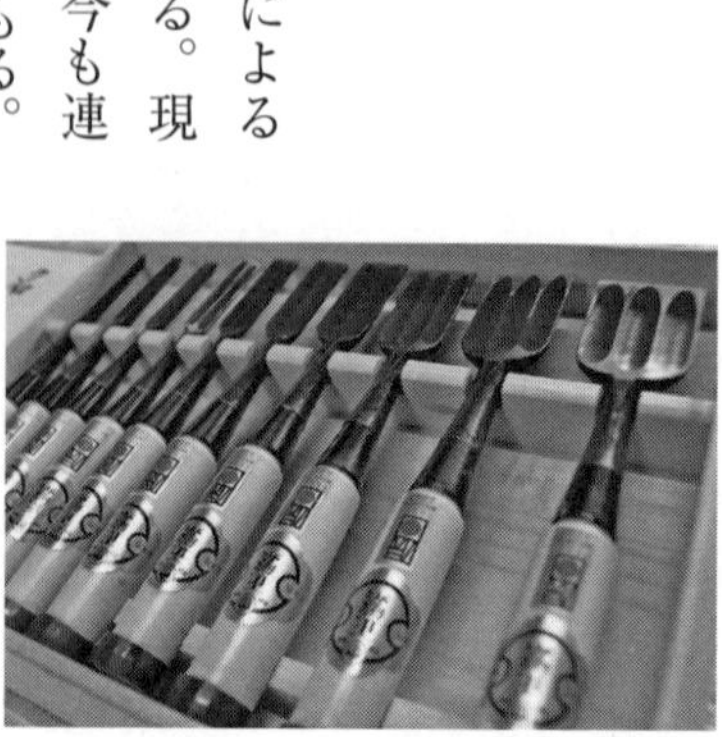

炭焼きで仕上げる「黒裏」

上げる。宮脇さんが手掛ける、刃に三つの溝を掘った「黒裏の三枚裏」は、抜群の切れ味に加え、黒にむらがない。意匠にほれ込む大工も少なくなく、職人をして「使うのがもったいない」と言わしめるほどだ。

「良い鑿を作るだけでは生き残れない時代」。自虐的につぶやきながら消沈する。だが、いったん槌を握れば別人。喜寿の男は、歴代の先祖が乗り移ったかのようににわかに精彩を放ち始める。

（藤森恵一郎　2010／11／28）

年齢を感じさせない力強さで槌を振る宮脇正孝さん=いずれも小野市万勝寺町

▼宮脇正孝鑿製作所
「正繁」印で知られる鑿を製造。1976年、正孝さんが親から独立し、作業場を現在の小野市万勝寺町に構えた。現在、三木金物の伝統工芸士会会長。後継者育成、伝統技術の継承に取り組んでいる。

おの義刃物の園芸鋏

研磨にこだわり独自色

手に力を込める。火花が散り、金属の擦れる音が響く。鋼の棒が園芸鋏《ばさみ》になるまでの100以上の工程のうち、大半は研磨作業だ。刃の裏のひずみ、取っ手のライン…。納得できる商品になるまで、ひたすら磨く。田中寛之さん(35)が黒ずんだ軍手を取り、つぶやいた。「まだまだです」父義一さん(69)と比べ、「おやじの手は、たばこの火も消せるほど皮がぶっとくて」と続けた。

かつて、小野市大島町は、三木市と同じように、ベルトハンマーの音が当たり前に響いていた。その中で寛之さんは学校に通い、放課後は義一さんの働く工場で遊んだ。だが、金物の音は一つ、また一つと周囲から消えた。当時は自身も家業を継ごうとは考えていなかった。高校卒業後、コンビニの深夜アルバイトで過ごした。だが、自身の将来を考える中、「このままではいけない」と工場に戻ることを決意。1997年のことだった。

入ってみると、「3Kの王道みたいな職場」。汚れる。納期に追われる。けがも日常茶飯事。過

こだわり抜いたおの義刃物の園芸鋏

酷さは想像以上だった。それでも続けてきた。「物を作るというDNAがあるんやと思う」。祖父の代から続く商品へのこだわりがある。

9年後、寛之さんが家業を継ぎ、事業所名も変えた。塗料メーカーで働いていた兄の利樹さん(37)も工場に戻った。父親から受け継いだ園芸鋏を2人で守る。

「職人は一人一人が個性。手が違えば、できる商品も違う」。寛之さんにしかできない園芸鋏がある。研磨にこだわり、日々挑戦を続ける。

(高田康夫　2010/12/12)

刃を磨く田中寛之さん=いずれも小野市大島町

▼**おの義《よし》刃物**
1937年から大阪・堺で包丁の製造販売をしていた祖父清三郎さんが、戦後に小野市で製造。64年、父義一さんが「田中義一園芸鋏製作所」を創業。2006年に代替わりし、寛之さんが代表になった。三木工業協同組合に所属し、青年部活動にも参加する。

境製作所の農園芸用具

家族で新発想競い合い

事務所入り口にある従業員タイムカードに、同じ「境」の名字がずらりと並ぶ。農耕具や園芸用具を手掛ける境製作所は、社長を含む15人のうち10人が親族。「家族経営」で歩んできた。

2代目の境嘉一《よしかず》さん(62)の長男、春樹さん(33)は、その中でも最年少。業界として担い手不足が深刻化する中、将来の3代目として期待される春樹さんは、家業に携わるのに「抵抗や迷いはなかった」と言う。

創業者で祖父の故嘉三《かぞう》さんには、園児のときから、しばしば「大きくなったら、おやじを手伝わなあかんで」と諭されてきた。一緒に入ったお風呂でも、連れて行ってもらった喫茶店でも—。高校卒業後の18歳で仕事を始めた春樹さんは、「ずっと耳元で言われていた。すり込まれたような感じ」と笑う。

境製作所の品ぞろえは200種類を超え、新しい発想の新商品も次々に生み出す。春樹さんも

鍬や鎌、スコップなど商品は多彩

アイデアを出すが、これまで商品化されたことはない。自分で作った試作品は20種類近くになる。時間を見つけては試作に取りかかり、役職の垣根なく、父や大叔父ら熟練者に直接見せられるのは家族経営ならではだ。時には「これは売れんぞ」とばっさり切られるのも、本音で意見をぶつけ合える家族だからこその特長だと感じている。

「自分で考えたものを商品化して、ヒットさせたい。新しい販売先も切り開いていきたい」と春樹さん。境家の後継ぎとしての自覚は十分だ。

（斉藤正志　2011／1／23）

苗の植え替え時に使う用具の製作作業に当たる境春樹さん＝いずれも三木市加佐

▼境製作所
1961年創業。BONSAI（ボンサイ）ブランドで、鍬（くわ）や鎌、スコップなど、本職用から一般用まで多彩な農耕具や園芸用具を手掛ける。カキの殻を開ける「カキ打ち」や左利き用の鎌、福祉用品など特殊な製品も扱う。三木市加佐

和鋼製鉄部会のたたら製鉄

先人の技、原点を追求

「たたら」とは一般的に、砂鉄と木炭を交互に燃やし鉄や鋼を作る日本独自の製鉄技術を指す。たたら製鉄は、良質の砂鉄を産する中国地方で古くから発達。県内では、宍粟市千種町の「千種鉄」が有名で、備前の刀鍛冶《かじ》に珍重されたという。

三木市によると、金物の街、三木もこれらの地方から材料を仕入れていたとみられる。明治時代以降、鉄鉱石を使う洋式製鉄の普及で、たたらは衰退したが、現在、この伝統的な製鉄法が三木で年に1度復活する。実施する和鋼製鉄部会の宮永晃会長(49)は「金物の原点に返るため」と話す。純良な鋼を作った先人に学ぶことは、職人としての深みをもたらす。

13日にあった今年の実演会。機械で風を送り高温に熱した炉2基に、出雲の砂鉄計52キロと木炭を約6分間隔で30回ほどに分け加える。砂鉄は溶けつつ約120センチじわりと下降。酸素が除かれ、

炉の下部にたまった、けらを含んだ塊

炭素が加わり、下部で「けら」という鉄の塊となる。

送風用の筒を通して内部を観察し、炎の色や「のろ」と呼ばれるかすのたまり具合などを作業の判断材料とするが、多くは勘が頼り。地道な作業を繰り返し、開始から約5時間後、2基で15・3キロのけらを取り出した。「砂鉄の2～3割ができるとまずまず」だが、より安定的にけらを取り出すにはさらなる経験がメンバーに必要だという。

一瞬一瞬の勘が、かけがえのない経験となり、未来へ受け継がれていく。伝統がこうして培われていく。

（藤森恵一郎　2011／2／15）

高さ2メートル近い炉の上部から炭と砂鉄を交互に入れ、けらを作る=いずれも三木市上の丸町

和鋼製鉄部会

1995年に発足した、三木金物古式鍛錬技術保存会内の一部会。現在、三木市内の金物職人ら17人で構成する。毎年2月の第2日曜に、金物資料館(三木市上の丸町)の広場で、たたら製鉄を公開実演している。

吉岡製作所のカクハン羽根

異業種融合　製品に磨き

工場の片隅に、銀色に光る金属製の四角い箱がぽつりとある。正体は、焼き肉鉄板専用の業務用洗浄機。水と洗剤とともに工場の製品「カクハン羽根」を入れると、ぴかぴかになる。

カクハン羽根は本来、モルタルや塗料を練り混ぜ攪拌《かくはん》する工具の先端部品。だが最近は、たこ焼きなどの材料を混ぜるために、飲食店関係者からも注文が増えた。吉岡製作所の吉岡優介さん(31)が2004年に作成したホームページの効果だ。

プレスで製品の型を抜くと、どうしても表面に油が残ってしまう。そのため洗浄は、汚れを落とし、食品用にも使いやすくするための重要な工程だ。敷き詰めたセラミックチップと一緒にもみ洗うことで鋭利な角を滑らかにし、扱う際に手を傷つけないようにする効果もある。

カクハン羽根を磨くため洗浄機の購入を提案したのは、優介さん。会社の向かいの飲食店に、メーカーの紹介を受けた。うまくいくか半信半疑だったが、担当者に渡したサンプルの製品が返

吉岡製作所のカクハン羽根と水研機(右)

ってきたとき、「めちゃめちゃきれいやん」と思わず声を出してしまった。07年に導入し、優介さんは「どうせ出荷するなら、もう一手間かけていいものを作りたかった。異業種との取り組みで、よりいい商品ができた」と胸を張る。

同製作所は09年から、外注だったカクハン羽根の溶接作業にも本格的に取り組み始め、主に優介さんが仕事を担う。溶接した跡がきれいに残るように、心を砕く日々だ。

「いまの商品には納得しているが、まだまだゴールではない。工夫はずっと続けたい」。若い感性に、さらに磨きをかける。

（斉藤正志　2011／3／6）

カクハン羽根の溶接作業に取り組む吉岡優介さん＝いずれも三木市末広

▼吉岡製作所
吉岡優介さんの祖父、真優美さん（故人）が1953年に創業。2代目は父の博昭さん（61）。刃物を研ぐ水研機や側溝専用のモルタルをならす器具、粘度の高いものを練るときに容器を固定する器具など、多彩な製品を手掛ける。三木市末広

石井超硬工具製作所　タイル切断機

ミリ単位　精密さに自信

ほとんど力を入れなかったが「パンッ」と小気味のよい音を立て、タイルはいとも簡単に割れた。目を丸くする記者に、石井盛久専務(42)はにっと笑った。「初めての人はみんな驚きますよ」。

タイル切断機は主に、作業台、刃、操作するハンドル、ハンドルをまっすぐ動かすためのレールなどの部品から成る。刃は円形で主要は直径22ミリ。切削工具などに使われる超硬合金製で、ハンドルの先に付く。タイルに直角に当て、一直線に滑らせると、表面に一筋の切り込みが入る。仕上げにハンドルを軽くたたけば、てこの原理で、切り込みを境に、タイルは真っ二つに押し割れる。

アジア、ヨーロッパなど世界約30カ国で、タイル専門の左官らに愛用され、米国では日曜大工の工具としても使われる。コピーはすでに出回っているが、石井専務は、自社製品の精密さに確固たる自信をみせる。「日本の職人は技術が高く、ミリ単位でこだわる。工具にもそれだけの正

300ミリ角対応のタイル切断機（手前）と400ミリ角対応の新製品

確さが求められてきた」。現場の需要に応えながら「タイルをいかに美しく切るか」を追求してきた約40年の歴史にぶれはない。

最新装備のレーザーも、精度の向上に努めた結果だ。使い手は、レーザーの光線を目安にし、タイルの位置を調節できる。

香港にある事業所を貿易拠点とし、海外での拡販に力を入れる同社。一方で「国内の子どもにも使ってもらえる、身近な存在の工具にしたい」と石井専務。タイル工具メーカーの雄「イシイ」の名はますます広がる。

（藤森恵一郎　2011／3／27）

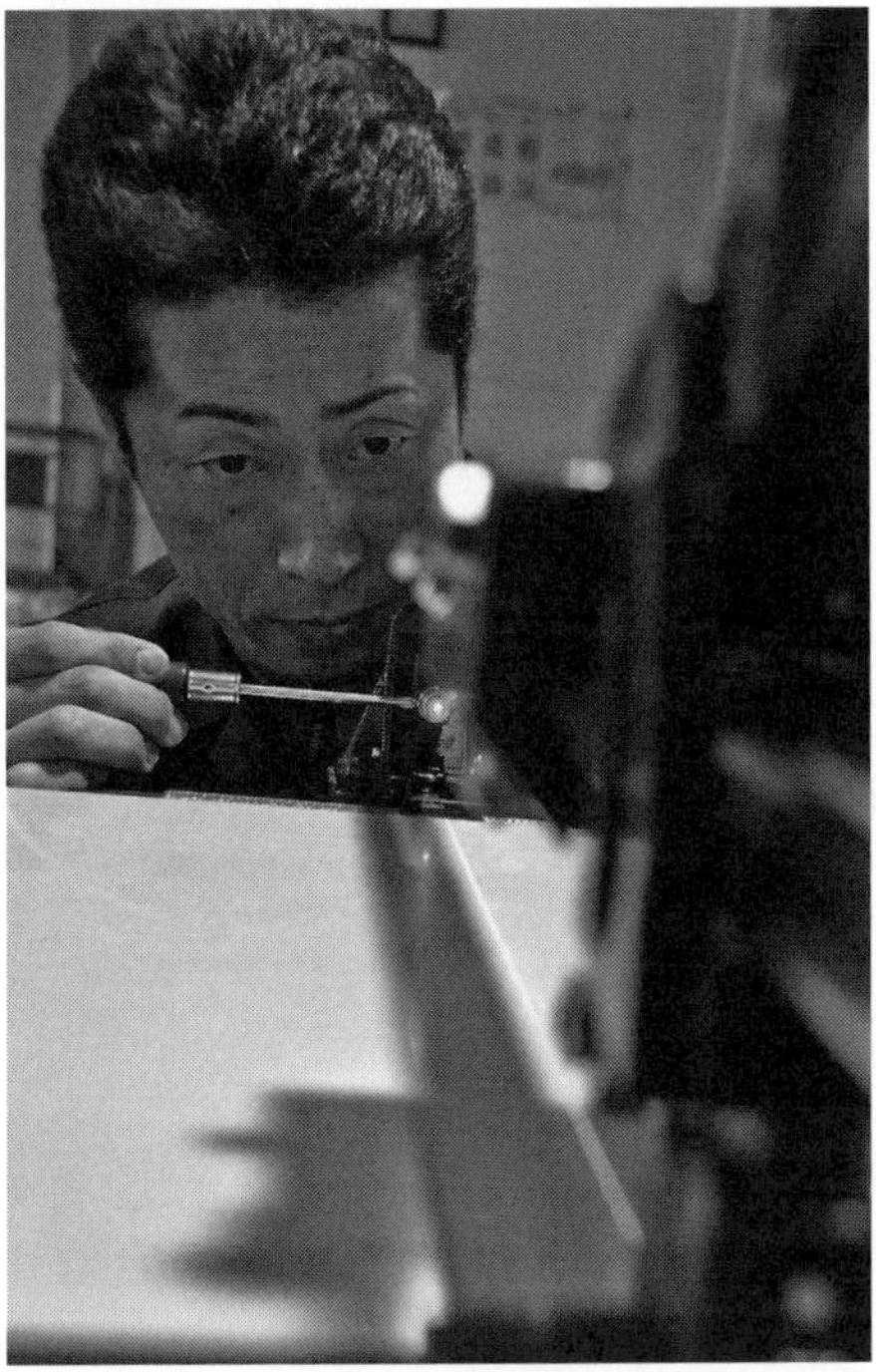

最新装備のレーザーの角度を調整する石井盛久専務。1台1台検査する＝いずれも三木市別所町巴

▼石井超硬工具製作所
1969年、先代の故石井明憲さんがタイル切断機の製造を開始。翌年会社設立。社長は長男の利一さん。中国・珠海に工場、香港に事業所がある。凹凸のあるタイルに対応する吸着盤なども製造。三木市別所町巴

粂田工業の鍛造品

技術を高め　産業支える

重さ1トンのハンマーが落下し、赤く熱した棒状の鉄とぶつかる。火花が飛び散り、衝撃音が耳をつんざく。鉄は金型に挟まれて形を変える。スコップ、鑿《のみ》、ゴルフのヘッド、自動車部品…。粂田《くめだ》工業が手掛ける鍛造品は多岐にわたる。素材に形を与える仕事は、「素形材産業」と呼ばれ、三木をはじめ日本の産業に欠かせない存在だ。

鉄はもともと軟らかく、鍛えることで粘り強さを生む。すり減りやすい場所や強度が必要な部分によく用いられ、発注したメーカーが半製品を磨くなどして製品を完成させる。

鍛造で作ったスコップと加工前の棒状の鉄

社長の粂田年洋さん(42)は「自分たちが表に出ることはほとんどないので、黒子のような存在ですね」と笑う。大型機械で素材を押し込むため、大きい物や厚さのある物の方が作りやすいが、粂田工業は小物や薄物も得意とする。

粂田さんは東大阪の工場で3年間修業し、31歳で社長に就任した。1999年には、長さ23センチ、先端の厚さ0・8ミリの鉄製スコップを自社製品として開発。営業先でメーカーの担当者が鍛造技術の高さに目を見張り、仕事の受注にもつながったという。

海外の製品との価格競争は激しく、業界を取り巻く状況は厳しさを増す。鍛造の段階で、より完成品に近い仕上がりにするなど、常に創意工夫を続けている。

「100％を求められたら、110％を目指している。技術を守り続けることの大切さとともに、変わり続けることの大切さを感じている」と条田さん。技術向上への意欲は尽きることがない。

（斉藤正志　2011／5／22）

重さ1トンのハンマーでたたいて鍛え、素材の鉄に形を与える＝いずれも三木市加佐

▼条田工業

1948年に条田工作所として、条田年洋さんの祖父、源次さんが設立。60年から現名称になった。年洋さんは2代目。機械部品や、鋏（はさみ）などの鍛造品を手掛け、市内の金物メーカーにも提供している。三木市加佐

フジカワの鑿

メキシコ人　情熱込めて

　三木金物に心酔し、14年間にわたり修業を積んできたメキシコ人男性が世に繰り出す鑿《のみ》には、並々ならぬ情熱がこもる。「工程を省かずこつこつと丁寧に作ること。それこそ日本の金物の魅力」。そう熱く語る表情は、三木の鍛冶屋《かじ》としての誇りをたたえる。

　鑿製造フジカワの専務リカルド・カマチョ・ソウザさん(43)は、首都メキシコシティから西66キロにある高原都市トルカの出身。20歳のころに英語を学ぶため、単身移り住んだカナダで、語学留学をしていた妻の弥生さんと出会った。1995年に来日し、結婚。社長で義父の藤川恭三さん(66)に誘われ、金物の世界へと足を踏み入れた。

　正社員になってまもなく、ドイツへ出張し金物見本市に参加した。そこで日本製品の評価が高いことを実感。金物への興味を深めた。

　藤川社長も感心する、辛抱強さを発揮し、営業をこなしながら、技の修練に日々励む。鍛造や

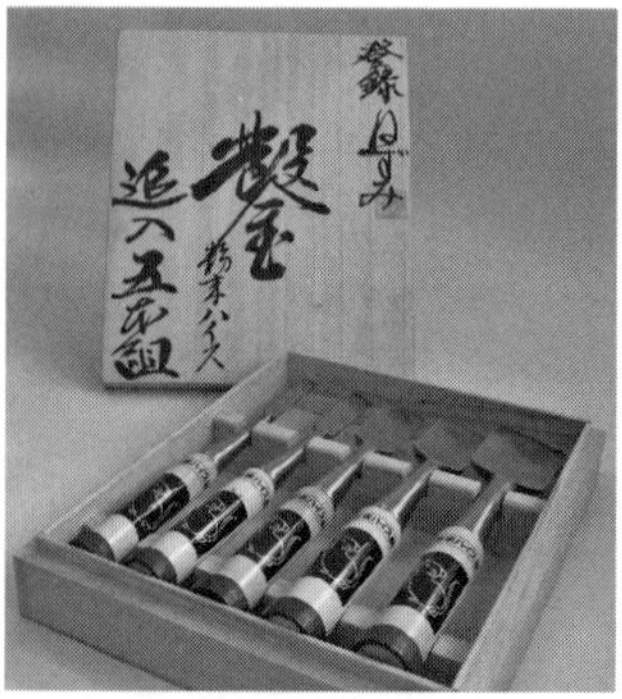

フジカワの最高級鑿「ねずみ」

鍛接などの作業は板に付いた。だが「練習に終わりはない」とストイックな姿勢を崩さない。藤川社長をはじめ、社内で長年働いている各工程の職人たちの技術をいつも目の当たりにしているからだ。同社の最高級鑿「ねずみ」をいつか手掛けたいと切に願う。

藤川社長は「これからは、追究した技を鑿だけでなく新しい分野にも生かす必要がある」と話す。一流の鑿鍛冶を目指しながら、視野は広く持ち、三木金物の発展のため、心血を注ぐ。

（藤森恵一郎　2011／6／26）

赤く熱した刃先を見つめ、鍛造に打ち込むリカルド・カマチョ・ソウザさん＝いずれも三木市大塚

▼フジカワ
1930年、藤川のみ製作所として創業。93年フジカワ設立。鑿の銘は伝統ある「弥作」と、立ち姿のマークが特徴的な、最高級品「ねずみ」。本職用鑿以外にも、現在は園芸刃物用具も製造する。三木市大塚

安平木工所の鑿柄

要望に応え新境地開く

道具にこだわる職人は、柄にもこだわる。そう信じ、鑿《のみ》柄《え》を手掛ける安平木工所の2代目、安平善孝さん(47)は、使用者に合わせてあつらえるオーダーメードをいとわない。

金具を取り付ける部分と持ち手部分の段差で、ミリより小さい単位の注文を受けたこともある。黄色や黒など色の要望に応じるのはもちろんだ。

「機能以外に美しさも求める人が増えてきてね。手間は掛かるけど、求められたものは100%作りたかった。数をこなすのが大切だった昔なら、断っていたかもしれません」

1989年、25歳で父昭雄《てるお》さん(80)の仕事場に入った。約10年かけて一通りの技術を習得。細かな注文にも応えるようにしたのは、2代目としての方針だった。

3年ほど前には、問屋からレースボートのスクリュー修理用の特殊な槌《つち》を依頼された。経験のない仕事に、「引き受けるには抵抗があった」と善孝さん。しかし、試行錯誤して完成させる

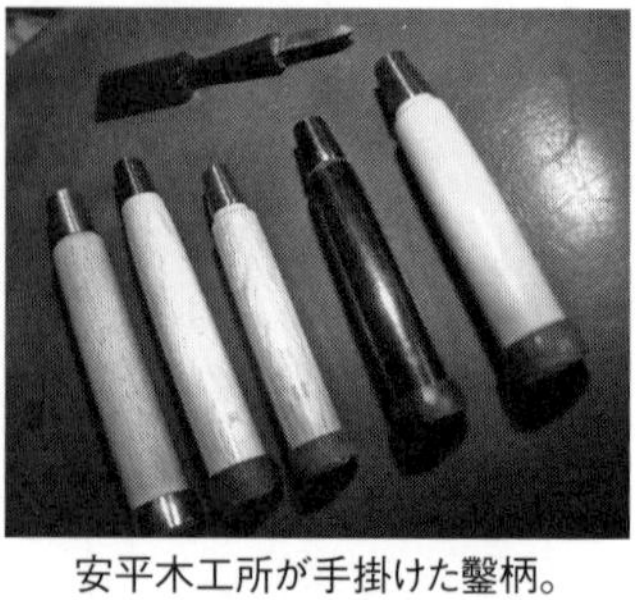

安平木工所が手掛けた鑿柄。
オーダーメードを得意とする

と、新たな視界が広がった。「できないと思っていたことも、挑戦したら自分の仕事の幅が広がることを知った」

以来、鑿とは関係のない仕事も、より積極的に引き受けるようになった。机の脚や太鼓のばちなど手掛ける品は多彩だ。どの仕事にも、根底にあるのは鑿柄で培った旋盤技術。「基本ができるから応用ができる」という信念は揺るがない。

「どんな無理難題にも応えられるようになりたい。それが自分の糧になる」。困難な仕事こそ、自分を成長させてくれると信じている。（斉藤正志　2011／7／24）

旋盤を操作する安平善孝さん。木くずが吹き上がるように飛び散る＝いずれも三木市加佐

▼安平木工所
多可町出身の安平昭雄さんが1955年に創業。一般大工鑿、彫刻鑿、氷鑿など、鑿全般の柄を手掛ける。コクタンやシタンなどの木材は、少なくとも2年は寝かせ、乾燥させてから削るという。三木市加佐

粂田晴己プレスの口金

小さな金具にかける矜持

「部品とは思ってない。うちらにしてみれば一つの〝製品〟や」。粂《くめ》田《だ》晴《はる》己《み》さん(69)は語気強く言い放った。鎌《かま》や鏝《こて》などの道具の刃と柄をつなぐ小さな金具、口金《くちがね》。一見マイナーなこの〝製品〟に生涯をかけてきた男のプライドが、その言葉に込められていた。

父の故周一さんが創業したのは戦後間もなく。農作業で全国的に鎌の需要は高く、製造が間に合っていない時代だった。当時、口金の製造は、鉄板を丸めて溶接するのが普通だったが、周一さんはいち早くプレス加工を取り入れて大量生産を可能にし、国内各地の園芸用具や大工道具のメーカーへ出荷した。

中学から父を手伝い、20歳のころには、一生の仕事と決めていた晴己さん。厳しい修行を積み、物にした技への自信と誇りから、変わった形で製造の難しい口金の特注を持ち掛けられても断らず、採算度外視で受けたことも多々ある。

およそ50種類の口金を手掛ける。形状や色は多種多様。奥は口金を付けた草削り(松尾刃物製作所提供)

改良も重ねた。鎌などの木製の柄は、湿度や気温の影響で微妙に変形し、口金で留めていても、すっぽりと抜けてしまうことがあった。そこで、単に筒状だった口金の端を中に折り込んだり、内部に段を付けたりすることで柄に食い込ませ、頑丈に固定するようにした。

後を託すのは次男の祐二さん（40）。もともと金物卸の会社で働いていたが28歳で父の世界へと入った。「伝統を継ぎ、良い口金を作りたい」。少ない言葉には、父譲りの職人かたぎの一徹さと、無二の〝製品〟を手掛けている誇りがにじんでいた。

（藤森恵一郎　2011／9／4）

目測で、緻密に無駄なく穴を開けた鉄板と真ちゅう板を持つ、粂田晴己さん（左）と祐二さん。つながった輪は一つもない＝いずれも三木市加佐

▼粂田晴己プレス

1952年粂田金属として、粂田晴己さんの父、周一さんが創業。75年に晴己さんが独立して現名となった。98年に新工場を建設。各種口金の製造のほか、プレス加工やパイプ切断全般を手掛ける。三木市加佐

高田製作所の木彫鑿

全国の仏師、宮大工愛用

宮大工が使う槍鉋《やりがんな》、檜皮《ひわだ》ぶき屋根に用いる檜皮包丁、漆の沈金専用の鑿《のみ》…。高田製作所がオーダーメードであつらえる道具は、数え切れない。

豊富な種類を生み出した経緯をさかのぼると、きっかけは木彫鑿にたどりつく。

昭和40年代後半。大工鑿の鍛冶屋だった高田製作所に、3代目の高田良作さん(71)の知人の紹介で、京都の仏師から木彫鑿の注文が入った。手掛けたことのない品。良作さんは仏師の愛用品を数本借り、「見よう見まね」で挑戦した。鋼と地鉄《じがね》を張り合わせる鑿は、大工用は鋼の方を木に当てて使うが、木彫用は鋼を表向けて彫り進める。底が浅いU字も、独特の形状だ。

「何にも分からへんから、大変やった」と良作さん。借りた見本が長年の使用で摩耗しており、そのまま作って短く仕上げすぎたことがあった。苦労はしたが、一度認められると、切れ味の良さなどの評判が、数年で全国に広がった。今では東北から九州まで、各地の仏師や宮大工、

「高田作」の登録商標で知られる木彫鑿

欄間職人らが愛用する。

オーダーメードで作ることが知られるようになり、製品の種類も次第に増えた。博物館や資料館から頼まれ、斧《おの》や鉄剣など、遺跡からの出土物を復元したこともある。

2001年からは長男で、4代目の賢一さん(41)が仕事場に入った。良作さんは「鍛冶屋に大事なのは経験。親と同じではなく、独自のやり方を考えていかなあかん」と期待を込める。新たな逸品を、二人三脚で生み出していく。

(斉藤正志 2011/9/25)

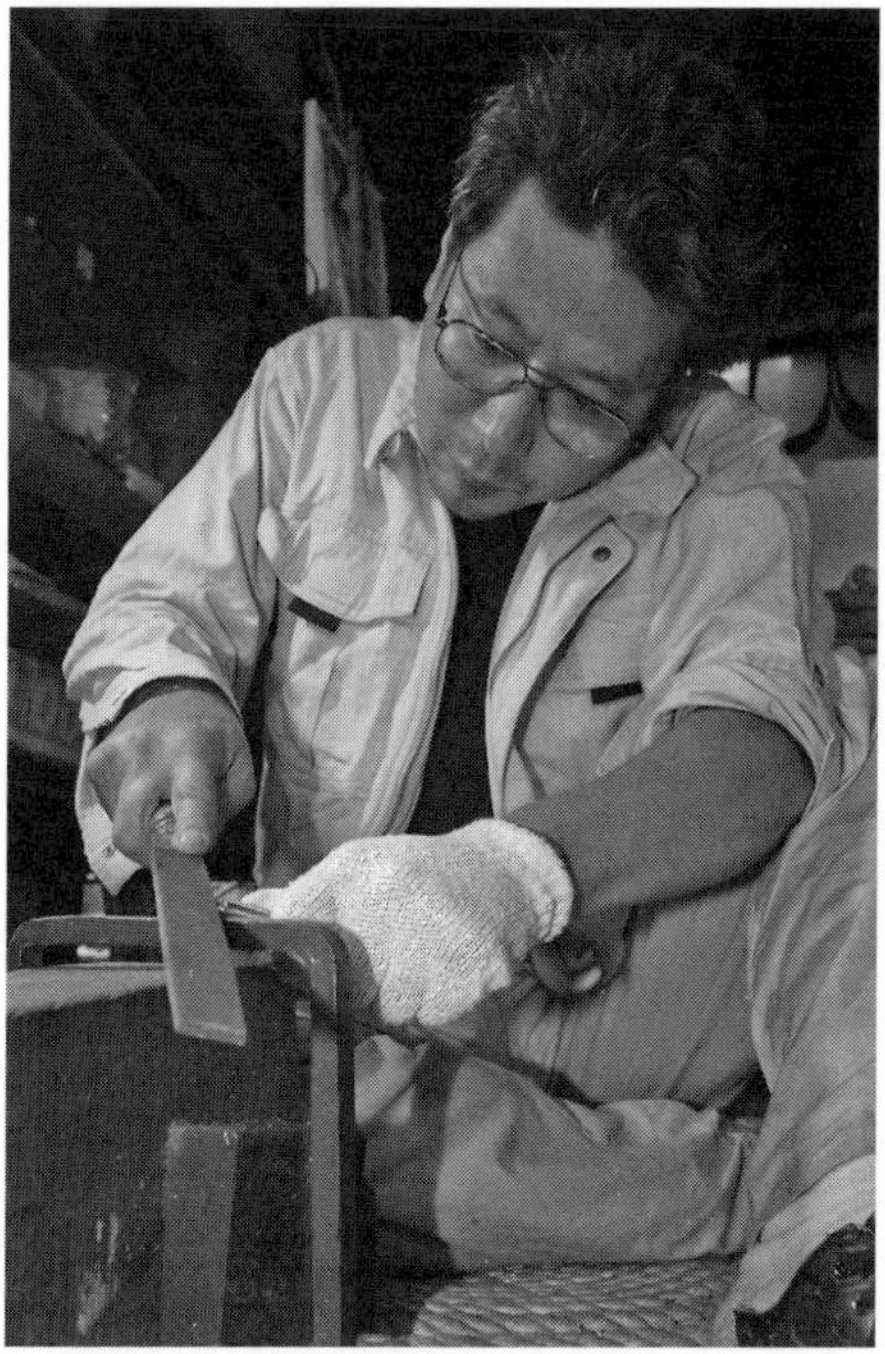
木彫鑿のやすり掛け作業をする4代目の高田賢一さん=いずれも三木市鳥町

▼高田製作所
登録商標は「高田作」。1892(明治25)年ごろに、良作さんの祖父の故、彦太郎さんが創業した。2代目は父の故、稔《みのる》さん。3代目の良作さんは15歳で、賢一さんは30歳で仕事を始めた。三木市鳥町

津村鋼業の丸鋸刃

機械に融合する匠の技

「価格での勝負は難しい。とにかく良い製品を作り続けるしかない」。金物業界の例にもれず、市場を席巻する安価な中国製品に、苦境に立たされる国内の丸鋸刃《まるのこ》メーカー。半世紀以上、製造してきた津村鋼業の津村慎吾社長(50)は、苦渋と自信の入り交じる声で信念を口にした。

工場内に並ぶ、コンピューター制御された機械設備。鋼板《こうばん》の成型、目立て、熱処理など一連の製造作業をこれらオートメーションが担う。しかし、品質を担保するのは人。機械の作った製品にミスがないか、随所で目を光らせる。

一画に、孤立したように一つの部屋がしつらえてある。中からは力強い槌音《つちおと》。熟練の職人が、寸分の狂いもなく正確にハンマーを振り下ろしていた。

手掛けているのは、プロユーザー向けの製品。切断時に刃が熱を帯びることで生じる変形を防ぐための「腰入れ」と呼ばれる作業と、ひずみ取りを同時に行っているのだ。「これだけは数値

大小さまざまな丸鋸が製造されている

化できない」と津村社長。製造のほとんどが機械化された今も、鋭く軽快な切れ味を持続させるためには、匠《たくみ》の技が必要だ。

生産の軸足は、かつての木工用から草刈りなどの農業用に移った。従来の丸鋸刃に加え、鋸歯《きょし》の先に超硬合金の小さな刃を付けた「チップソー」と呼ばれる丸鋸の製造にも力を注いでいる。

津村社長は「農業は、国にとって最重要産業の一つ。高齢化や環太平洋連携協定(TPP)の問題が上がっているが、存続のために貢献したい」と意欲を燃やす。

(藤森恵一郎　2011/10/23)

機械の並ぶ広い工場内に画された一室で、黙々と槌を振るう職人=いずれも三木市別所町巴

▼津村鋼業

津村慎吾社長の父勇会長が、1957年木工用丸鋸刃の製造を開始し、59年会社設立。63年草刈り用の製造を始め、86年チップソーの製造設備を導入した。静岡県浜松市に営業所がある。商標は「角鳩印」。三木市別所町巴

粂田ギムネ製作所の二段錐

ミリ単位 品ぞろえ無数

大きさの違う2種類のギムネ（ねじ込み錐《きり》）が一体化し、二つのらせんを織り成す。

「二段錐」と呼ばれる電動ドリルの先端工具。2段の穴開けが一度にでき、建築業者などがビスやボルトをはめるときに使うという。

粂田《くめだ》ギムネ製作所では、細い方の内側のギムネで直径6〜30ミリ、太い方の外側で同じく15〜80ミリの間で、ほぼ1ミリ単位で大きさの違う製品をそろえる。内側と外側は、一定の範囲で別の大きさと組み合わせることができ、品ぞろえは、まさに〝無数〟だ。通常は小売店で販売されるが、ミリ単位の細かな注文があった際は、ユーザー（使用者）と直接やり取りしなければならないこともあるという。

「全部がよく出るわけじゃないから、種類が多いというのは在庫を抱えて難しい部分もある。でも、お客さんの要望に応えるためには、しっかりそろえておかないといけない」。社長の粂田

二段錐や皿錐はさまざまな大きさがそろう

栄三さん(47)は強調する。

豊富な種類は、ユーザーの求める製品を追求する、同製作所の気概を表している。栄三さんは2010年4月、現会長の父博司さん(81)が80歳になったのを機に、後を継いで社長に就任した。

「今までなら何かあれば『社長に相談してから』と言えたけれど、逃げられなくなった」と笑う栄三さん。「安い海外製品が入ってきている。差別化した製品を作り、新しいものも開発していきたい」と口元を引き締めた。

(斉藤正志　2011/11/27)

二段錐を見せる条田栄三社長。二つの大きさのギムネが一体化しているのが特徴=いずれも三木市加佐

▼条田ギムネ製作所
1940(昭和15)年に創業し、62(同37)年に法人化。下穴と皿のような斜めの穴を一度に開けられる「皿錐」、鉄板からティッシュまで切ることができる万能バサミ、砥石(といし)の目詰まりを解消する器具などを手掛ける。三木市加佐

中川木工所の鏝柄

2代目、新時代切り開く

幼いころから、周りは木材にあふれていた。祭り好きの父昌和さん(70)に、木で小さな屋台を作ってもらい、担いで遊んでいたこともある。鏝《こて》柄を手掛ける中川木工所の2代目、中川浩一さん(32)は、父が開いた工場で20歳から働き始め、12年目になった。主に表札の製作を担っているが、約5年前から鏝柄の作業にも携わっている。

同じ小判型と呼ばれる形でも、メーカーによってわずかに大きさや丸みが違う。「円盤」と呼ばれる機械で木材を削る作業は、微妙な手先の感覚など経験が必要だ。「１００本作ったら１００本とも同じ太さにできないといけない」と、廃材を使い練習を重ねる。

中川木工所は表札も主力製品だが、「うちから鏝柄をなくすわけにはいかんからね」と浩一さん。飾り気のない口ぶりに、責任感がにじむ。今年10月からは、昌和さんから材料の調達を任されるようになった。

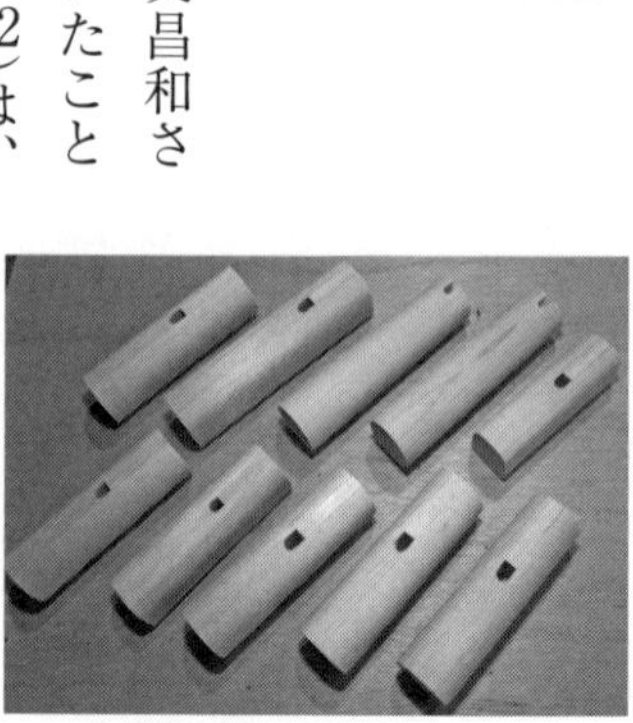

中川木工所の鏝柄。大きさや形が微妙に違う

創業時、昌和さんは長野県まで何度も出向き、端材加工の手間を渋る製材所を説き伏せ、安定した仕入れ先を確保した。近年は、建築様式の変化で、端材が出る建具などの使用が減り、調達がより難しくなっているという。製材所だけでなく、建築業者にも依頼に赴くようになった。

製品の出来を左右する役割だけに、プレッシャーはある。浩一さんは「おやじがしとったことで、継げるものは全部継ぎたい。その上で、新しいことを考えていかなあかん」。2代目として、新しい時代を切り開く。

（斉藤正志　2011／12／25）

「円盤」と呼ばれる機械で、鏝柄を削る作業に当たる中川浩一さん＝いずれも三木市大村

▼中川木工所

1966年に中川昌和さんが創業。木曽檜（ひのき）や米檜（べいひ）を使った本職用の鏝柄を手掛ける。約30年前から、木曽檜や桜などを材料にした表札の製造も始め、まな板や木曽檜削り材使用の枕も扱っている。三木市大村

神沢鉄工の自由錐

独自の発想　生活に新風

中心の錐《きり》を支点に、刃がコンパスのようにくるりと円を描き、穴をうがつ。「自由錐」と呼ばれる電動ドリルの先端工具は、住宅の配管工事などに使われる。独自の発想で開発された製品は、神沢鉄工の半世紀にも及ぶロングセラーだ。

金属やプラスチックを切ることができる軽量の鋸《のこぎり》「ハンディソー」など、画期的な製品を生み続ける同社には、「進取の気風」が流れている。現在挑戦しているのは、「ライフスタイル（生活様式）の提案」という考え方。２００９年には１００％子会社の販売会社「エコツールマーケット」を設立し、昨年2月、三木市別所町高木に小売り関係の業者向けに展示場を開設した。

海外ブランドのかばんやジャケット、ズボンなど、およそ親会社が金物メーカーとは思えない商品がずらりと並ぶ。軍手やスコップなども、流行の先端を走るインテリア用品であるかのような感覚にとらわれる。

業者向けの展示場。「ライフスタイルの提案」を目指し、雑貨店のような雰囲気を醸す＝三木市別所町高木

社長の神沢秀和さん(51)は「客の生活の中に入り、質感や雰囲気を持たせて商品を見せていく。『物』だけじゃなく、『事』を売り、『物事作り』をしていきたい」。昨年9月に有楽町ロフト(東京)の一角に出店したのをはじめ、全国に店舗を展開。将来的には木工刃物、園芸刃物などを店頭に並べ、三木金物を広く発信する構想を描いている。

「ライフスタイルに合った、使い捨てではない道具作りをしていく。そのための職人も育てたい」と神沢さん。新たな発想で、歴史を紡いでいく。

(斉藤正志　2012/1/29)

神沢鉄工の自由錐。約半世紀にもわたるロングセラーだ=三木市鳥町

▼神沢鉄工

4代目の神沢秀和さんの曽祖父、大吉さんが1895年に創業。鋸や剪定鋏(せんていばさみ)、錐のほか農業用機械も手掛けていた。現在はねじを回す「L形ドライバー」や壁紙を剥がす「スクレィパー」なども扱う。海外での名称は「カンザワワークス」。三木市鳥町

高芝ギムネ製作所のポンチ

可能性追究し新製品を

革、紙、ゴム、アルミ…。さまざまな素材に穴を開けられる工具「ポンチ」を手掛けて35年余り。もともとは革専用の工具として製造していたが、顧客からの要望に応えながら改良を重ね、対応できる素材の幅を広げてきた。

ポンチにはいくつかの種類がある。もともと「皮ポンチ」と呼んでいた、高芝ギムネ製作所の「サークルポンチ」は、名前の通り先端に輪状の刃が付いており、反対側をハンマーでたたいて使う。素材にきれいな丸い穴が開けられ、革細工などに多く活用されている。

ポンチは穴開けとともに円盤作りにも使われる。高芝哲朗社長(68)の長男、製品開発部の伊知郎さん(36)は「直径の小さな円盤を手作業できれいに作ることは案外難しい。コンパスを使えば、針の跡が中央に残ってしまうし、レーザーを使ったとしても、縁が焦げてしまうことがある」と説明する。

顧客の多様な需要に応えるため、豊富なサイズがある

同社は直径1ミリから50ミリまでのポンチを取りそろえる。このため企業や大学が研究、製品開発のために問い合わせてくることもしばしば。カメラメーカーから「フィルムに穴を開けたい」という照会もあった。近年はポンチやタガネなどの先端工具だけでなく、園芸用刃物や日用道具の開発にも力を入れている。最近では農家からの相談を元に、手の届かない高い場所にいる虫もつぶさず捕まえられる道具を考案。4月に発売する。

伊知郎さんは「いろいろな素材に穴を開けられ、可能性を秘めたポンチを作り続けながら、新製品をどんどん生み出していきたい」と夢を広げる。

（藤森恵一郎　2012／4／1）

先端に輪の形をした刃が付く「サークルポンチ」。多様な素材にきれいに穴を開ける＝いずれも三木市別所町花尻

▼高芝ギムネ製作所
1942年創業。当初は木工用ドリル（ギムネ）、やすりを製造していた。76年にポンチやタガネなどの製造を開始。銘柄はひし形の中にローマ字のTを配した「DIA　T（ダイヤティー）」。三木市別所町花尻

ホウネンミヤワキの鎌

手間暇かけ切れ味追求

刃先に目を凝らすと、鎌の曲線に沿って、幅1ミリほど周囲より鮮やかな銀色に光っていた。研磨され、地金との境目が浮き出た鋼の色だった。

ホウネンミヤワキでは、刃を付ける荒研ぎと中研ぎの後、別の作業を挟み、さらに仕上げで職人が水研機を使って研ぐ。刃付けだけで3工程。刃先の色がわずかに違うのは、より鋭い切れ味を追い求め、手間暇をかけた証しだ。社長の宮脇義弘さん(55)は「工場を訪れた小売店の担当者に『そこまでしなくてもいいのに』と言われたこともある。でも最後にもう一度研ぐのと研がないのでは切れ味が違う」と力を込める。

品ぞろえも豊富だ。極薄の「やわらかい草刈り用」、やや厚めの「かたい草刈り用」、雑木や枝が切りやすい「木刈用」と、刃の厚さにより用途が違う。同じ収穫用でもキャベツ用、ほうれん草用、稲刈りに適した鋸《のこ》鎌などがあり、「信州型」といったその地域独特の形の製品も手掛ける。

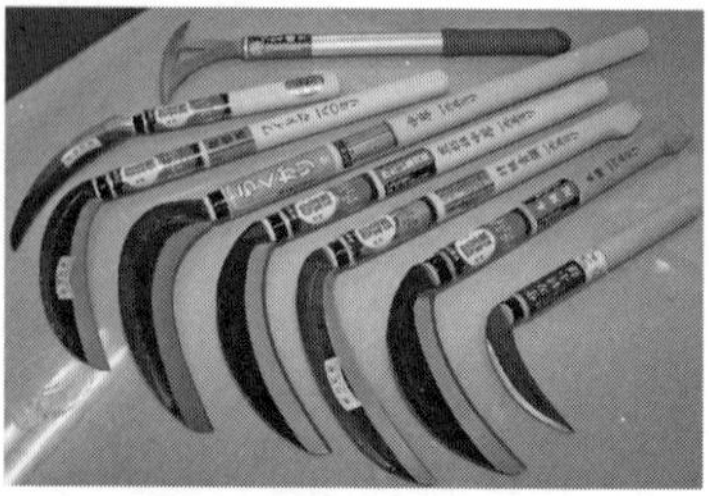

ホウネンミヤワキの鎌。用途や刃の厚さ、素材の違う豊富な種類がそろう

製造工程は、ほとんどが手作業。焼き入れは職人が一枚一枚熱して水で急冷し、ひずみ取りでは表面を金づちでたたいて平らにする。刃付けの研磨作業も、もちろん職人の手が担う。

毎年のように新商品も開発する。今年3月には、一本で草木を切ったり削ったり、穴を掘ったりできる「べんり鎌」を発売。客の要望に応えるため、労力は惜しまない。

道端の雑草を見て、宮脇さんがつぶやいた。「最近ようやく暖かくなって、草が伸びてきた」。眠っていた生命が動き出す春。それは繁忙期の始まりを告げる季節でもある。

（斉藤正志　2012／4／29）

水研機で仕上げ研ぎをする職人。手間暇を惜しまない作業が鋭い切れ味を生み出す＝いずれも三木市別所町石野

▼ホウネンミヤワキ

1905（明治38）年、日本カミソリ職人だった宮脇辨治《べんじ》さんが金物卸問屋として創業。2代目の右一《ういち》郎《ろう》さんが鎌の製造を始めた。3代目・茂弘さんの長男義弘さんが90年に4代目を継ぎ、現社名になった。三木市別所町石野

黒田鑿製作所の鑿

大工の声に応え続けて

左足で板をぐっと踏み込むたび、送風音が低く鳴る。刃を突っこんだ炭火が赤くともる。名匠は鋭い眼光を炎に注ぎ、その色をはっきり見極める。

「黒田盃《くろだのさかずき》」の銘で名高い鑿鍛冶《のみかじ》、黒田利光《としみつ》さん(75)がこだわり続けているのは、ふいごを使った炭焼き入れ。鉄鋼の硬度を高めるため、高温で熱してから水に浸して急激に冷やす熱処理作業だ。現在は、溶かした鉛を使って焼き入れをする職人も多い。だが、黒田さんはふいごで昔ながらの方法を貫く。量産とは無縁な、1本1本の地道な仕事だ。

手間暇掛けて生み出す鑿がいかに優れているか、実績が物語る。２００２年。伝統的工芸品に指定されている播州三木打刃物(鋸《のこぎり》、鑿、鉋《かんな》、鏝《こて》、小刀《こがたな》)の中では初めて、織物や漆器など全国から数々の名品が出される「日本伝統工芸士会作品展」で、黒田さんの鑿一式が入賞を果たした。

先代の父杉夫さんを見よう見まねで手伝い始め60年余り。至高の鑿を追究し、使い手の宮大工

やすりで1本ずつ丁寧に仕上げた鑿一式

らの意見に真摯《しんし》に耳を傾け、改良を重ねた。その経験から「大工は先生や」とかみ締める。

昨秋の「三木金物まつり」では、ある大工から難題を突きつけられた。「『盃』が刻印された小刀がほしい」。鑿作り一筋で、当然ながら小刀を作ったことなどない。しかし、この一言には自身の銘「黒田盃」に、絶対の信頼が寄せられていることを知っていた。

理想の小刀を目指し、きょうもふいごの音を響かせる。「やはり難しい。でもおもしろい」。新たな挑戦を始めた75歳の匠《たくみ》の声は弾んでいた。

（藤森恵一郎　2012／5／27）

焼き入れ。ふいごで熱した刃を水に入れる黒田利光さん＝いずれも三木市平田

▼黒田鑿製作所
黒田利光さんの祖父が創業。3代にわたり、一貫して鑿製造。多くの種類を手掛ける。1964年に商標登録した「黒田盃」は、黒田さんの日本酒好きに由来。2001年、「伝統工芸士」に認定された。三木市平田

岡田金属工業所の替え刃式鋸

業界変えた画期的製品

鋸《のこぎり》業界を変えたと言っても過言ではない。岡田金属工業所が1982年に発売した替え刃式鋸「ゼットソー」。通常は切れなくなれば目立て（刃の研磨）が必要だったが、よく切れる新しい刃に安く交換でき、しかも切れ味が長持ちする。画期的な製品だった。

「目立て代でサラ（新品）が買える」。こんなうたい文句で売り出し、替え刃式を一気に、業界の主流に押し上げた。

開発のきっかけは、集成材と呼ばれる接着剤で固めた硬い木材が、建築現場で広まったことだった。高価な鋸で切れば、すぐに刃が傷んでしまい、大工らが困っていた。通常は火で加熱して急冷する焼き入れ工程に、同社は高周波を当てて熱する「衝撃焼き入れ」という特殊な技術を導入。ドイツ製の機械を購入し、硬い刃先を目指した。

「衝撃焼き入れ後は、ヤスリより硬くなって刃先の直しができない。不良品が多くなるのでは

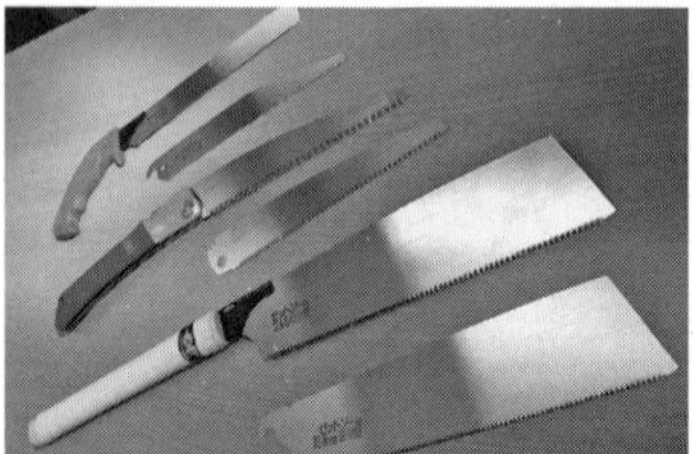

刃渡りや目の粗さ、柄などにより
種類も豊富な替え刃式鋸

と心配する声もあった」と岡田保社長(68)。当時は刃先の高さがそろっているか、焼き入れ前に一枚一枚、従業員が拡大鏡で検査したという。

発売後は5カ月で4万枚を売り、翌年は年間11万枚、翌々年は同40万枚と販売枚数は右肩上がりに伸びた。ゼットソーを中心にした替え刃式鋸は、今でも年間約400万枚を売り切る。

岡田社長は「当時は経営が厳しく、ゼットソーの発売は『背水の陣』だった。これがなかったら今の会社はない」と振り返る。ゼットソーは7月21日で発売開始から丸30年。用途などにより15種類に増えた。さらに新たな可能性を追求し、ロングセラーは走り続ける。

(斉藤正志　2012/6/17)

発売30周年を迎える替え刃式鋸「ゼットソー」。刃は背金で止めており、簡単に交換できる=いずれも三木市大村

▼岡田金属工業所

1943年に創業。岡田保社長は3代目。塩《えん》ビパイプ用の「パイプソー」、鋸で正確に切るための補助道具「ソーガイド」のほか、タガネやポンチなども手掛ける。一般の大工仕事を支援する「木工応援館」も運営する。三木市大村

三木ネツレンのクランプ

伝統の鍛造を守り抜き

「歴史ある会社ほど進化し続ける。守るべきものは守り、新しいことに挑戦していかなければ」。創業140余年の老舗企業、三木ネツレンをけん引する廣田篤生社長(55)が力強い調子で語る。

クレーンの先に取り付け、鉄板などをつり上げる工具クランプなどを手掛ける。これまで「カナモノガタリ」で多く取り上げてきたいわゆる金物メーカーとは毛色が違う。しかし、創業当初に生産していたのはやはり、鋸《のこぎり》など三木特産の金物だった。

戦後、需要を見越して、工具のスパナを作り始めた。造船業の華やいだ1960年代の初めには造船所で使われるクランプの国産第1号を生み出した。現在もプロ用のスパナやクランプを製造。ユーザーの声に真摯《しんし》に耳を傾け、製品の改良や開発に努める。

同社のクランプには金物メーカーの名残がしっかりと刻まれている。それは金属を加熱し、機械のハンマーで打ち延ばして形作り、粘り強さを与える鍛造だ。クランプは、鍛造をせず、鉄板

鍛造でできた自慢のクランプ(手前左)とスパナ

機械のハンマーでスパナを鍛造する従業員。ごう音が鳴り、金属の形が整えられていく＝いずれも三木市別所町高木

を貼り合わせることで強度を増すメーカーもある。だが「鍛造なら無駄な〝ぜい肉〟が取れ、必要な部分だけ厚く作れる。だからデザインもスマートで軽量。使いやすくなる」と廣田社長。ネツレンクランプの一番の強みだ。

伝統の技を製品の生命線としてしっかり守り抜きながら、時代に合った製品を果敢に作り続ける。三木ネツレンは押しも押されもせぬ三木の老舗として君臨している。

（藤森恵一郎　2012／7／22）

▼三木ネツレン

1870（明治3）年、材木屋の廣田吉兵衛氏が創業。1947年にスパナ、61年にクランプの生産を始める。社長は現在6代目。クランプは鉄鋼、造船、橋梁、建築、土木など幅広い現場で使われる。三木市別所町高木

金蔵ブレードのチップソー

顧客に応え多品種供給

丸鋸《のこ》の刃先に、超鋼チップ(工具)が付いたチップソー。草刈り用だけでなく、木工用や鉄工用と、一般から職人まで、幅広い人が電動鋸などに取り付けて使用する。

金蔵《きんぞう》ブレードは年間約50万枚を生産。うち草木向けの刈り払い機用が半数を占める。そのほとんどがOEM(相手先ブランド生産)。刃物メーカーや商社からのさまざまな要望に合わせて、企画、設計し、原材料を選ぶ。外部の専属工場で製造し、完成後の包装のデザインも担う。いわばチップソーの〝プロデューサー〟だ。

用途だけでなく、形やサイズ、刃数、厚みなど、対応できるのは700種類以上。社長の井上正記《まさき》さん(49)は「多品種を少量でも供給できるのがうちの強み。他の業者が二の足を踏むような注文も受けられる」と話す。

かつては一つの製品を大量に作り在庫を持っていた時代があった。だが近年は「『今必要な数

金蔵ブレードのチップソー。大きさや刃数などにより種類は多彩

だけ』『すぐに供給』が求められるようになった。これまでのやり方なら生き残れていない」と井上さん。可能な限り顧客の要望を聞く姿勢を貫く。

最大で分速1万回転するチップソーは、安全性がより求められる。同社は2010年2月に、新しい基準の日本工業規格（JIS）マーク表示の認証を取得。草刈り中に岩に当たっても飛び散らない素材を使うなど、誰もが安心して使える製品作りに心を砕く。

安価な海外製品に押され、製造業を取り巻く環境は厳しい。しかし、井上さんは「少ない投資で工夫して最大の効果を上げていけば、時代に対応できる。悲観はしていない」と言い切った。

（斉藤正志　2012／8／26）

チップソーの検査をする井上正記社長。検査機器だけで10種類あり、製品の完成度に心を配る＝いずれも三木市福井

▼金蔵ブレード

1973年に金蔵鋸工業から、家庭用刃物などの販売部門が金蔵物産として独立。76年からチップソーの製造販売を始めた。3代目の井上正記社長は2004年に就任。08年に現在の社名になった。三木市福井

三寿〆刃物製作所の包丁

伝統　情熱ある限り続く

「よう研げとる」

2005年9月。三寿〆《みすず》刃物製作所の2代目、鈴木明さんは病床に横たわったまま、娘婿の宮脇大和さん(44)が研いだ包丁を見て言った。後を継ぐことを直接は許してもらえなかった宮脇さんが、義父に認められた唯一の言葉だった。明さんはその1カ月後、71歳で亡くなった。

同製作所は1946年に故鈴木信次さんが創業した。信次さんはさびにくいステンレスで鋼を挟む万能包丁を開発。独特の形も考案し、伝統の製品になった。明さんが2代目として発展させた。

宮脇さんはもともと、大阪の広告代理店で働いていた。義父は病気で余命数年とされ、後継ぎはいなかった。伝統ある三寿〆刃物がなくなってしまう。惜しむ気持ちは次第に、自分が後を継ぎたいという思いに変わっていった。

2005年初め、妻子を抱える宮脇さんの申し出に、明さんは「家族を食べさせられへん」と

築130年を超える店舗。伝統あるたたずまいが客を迎える

首を縦に振らなかった。同年5月、宮脇さんは義父の承諾のないまま16年勤めた会社を辞め、堺市の包丁製造会社で修行を始めた。後に妻から、義父が「好きにせえ言うとけ」と話していたのを聞いた。

3代目として仕事を始めた当初は、分からないことの連続だった。義父と親しかった研師《とぎし》らに連絡し、教えを請うた。「お前とこのお父さん（明さん）には世話になったから」。通常は、同業者に工場や技術を見せることはあまりないが、そう言って教えてくれるところがほとんどだった。

宮脇さんは言う。「先々代や先代があって、今の三寿〆刃物がある。歴史に恥ずかしくないようにやっていきたい」

伝統は受け継がれていく。尽きることのない情熱がある限り。

（斉藤正志　2012／9／23）

包丁に銘切りする宮脇大和さん。3代目として伝統を守り続ける=いずれも三木市本町

▼三寿〆刃物製作所

万能包丁のほか、柳刃包丁、細工包丁、出刃包丁、菜切り包丁など、職人用から一般用まで多数の種類を扱う。2009年からは、耐久性に優れ、抗菌効果のある漆塗りの柄を導入した。名前を刻む銘切りもしている。三木市本町

カナモノガタリ　執筆者

佐伯竜一　2006年3月～2009年2月、三木支局長
長尾亮太　2006年3月～2008年9月、三木支局員
斉藤正志　2008年10月～2012年9月、三木支局長
藤森恵一郎　2009年3月～2013年2月、三木支局員
高田康夫　2010年4月～　小野支局長

カナモノガタリ
兵庫県《ひょうごけん》・三木《みき》の伝統産業《でんとうさんぎょう》を歩《ある》く

2013年3月8日　第1刷発行

編者　神戸新聞三木支局《こうべしんぶんみきしきょく》
発行者　吉見顕太郎
発行所　神戸新聞総合出版センター
〒650-0044 神戸市中央区東川崎町1-5-7
神戸情報文化ビル9F
TEL 078-362-7140(代表)
FAX 078-361-7552
http://www.kobe-np.co.jp/syuppan/
編集担当　浜田尚史
デザイン　MASAGAKI
印刷所　モリモト印刷株式会社

落丁・乱丁本はお取り替え致します。

ISBN978-4-343-00738-4　C0057